ENCYCLOPÉDIE-RORET.

NOUVEAU MANUEL

DU

TOURNEUR.

--

TOME II.

AVIS,

Le mérite des ouvrages de l'*Encyclopédie-Roret* leur a valu les honneurs de la traduction, de l'imitation et de la *contrefaçon*. Pour distinguer ce volume il portera, à l'avenir, la *véritable* signature de l'Éditeur.

MANUELS-RORET.

NOUVEAU MANUEL

DU

TOURNEUR,

OU

TRAITÉ COMPLET ET SIMPLIFIÉ

DE CET ART,

D'APRÈS LES RENSEIGNEMENS FOURNIS PAR PLUSIEURS TOURNEURS
DE LA CAPITALE,

RÉDIGÉ

Par M. DESSABLES.

Ouvrage orné de planches.

NOUVELLE ÉDITION, TRÈS-AUGMENTÉE.

TOME SECOND.

++++=+=++++

PARIS,

A LA LIBRAIRIE ENCYCLOPÉDIQUE DE RORET,

RUE HAUTEFEUILLE, Nº 10 BIS.

1839.

BAR-s.-SEINE. — Imp. de SAILLARD.

MANUEL

DU

TOURNEUR.

TOME II.

CHAPITRE XIII.

DES BOIS TANT INDIGÈNES QU'ÉTRANGERS.

SECTION PREMIÈRE.

Bois indigènes.

Le sapin, arbre qui vient très-haut et fort droit, se trouve dans plusieurs contrées de la France : le Nord cependant est le climat qui lui convient le mieux. Son bois est d'un blanc jaunâtre, fort tendre, léger, élastique et très-liant : il ne peut se raboter qu'en long. On s'en sert ordinairement pour faire des caisses, des tablettes ou de la menuiserie commune, il n'est pas propre au tour.

Le chêne croît à peu près dans tous les pays; c'est d'arbres de cette espèce, susceptibles de devenir très-grands et très-gros, que sont compour a presque toutes nos forêts. Le bois de chêne durcit beaucoup en vieillissant, il est sujet à se fendre quand il est vert; ses pores sont grossiers, on l'emploie avec beaucoup d'avantage pour la menuiserie, il est préférable à tous les autres bois pour la charpente, mais il ne vaut rien pour le tour; on en fait cependant des pieds de lit tournés, et quelques autres ouvrages de ce genre qu'on peint ensuite à la colle ou à l'huile.

L'orme, mis au nombre de nos grands arbres de forêts, n'est pas aussi commun que le chêne, mais il n'est guère moins précieux; on le remplacerait même difficilement pour les différens ouvrages auxquels on a coutume de le destiner; il est dur, solide, liant et facile à travailler; on en fait des vis de pressoir, des écrous, des presses, des moyeux et des jantes de roues de charrettes, des courbes, des bâtis de voitures, et plusieurs autres ustensiles qui demandent de la force; comme il est naturellement lourd, il est très-bon pour faire des établis de tourneur. Le cœur, dont la couleur est brune et ondée de clair, se tourne assez facilement; on en fait des rouets à filer, des bâtons de chaise, des berceaux d'enfans, des manches de marteaux, etc. L'orme ne se gerce point, il se tourmente peu, mais il n'est pas susceptible de recevoir un beau poli, parce que ses pores sont trop lâches.

On trouve assez communément sur l'orme des loupes ou excroissances, dont le bois ne ressemble en rien à celui de l'arbre qui les a produites. Ce bois, qui a un grain très-serré et très-fin, peut servir à faire au tour plusieurs ouvrages agréables, et susceptibles de prendre un assez beau poli. On distingue des loupes d'orme de deux espèces : la première, qu'on nomme *loupe mêlée*, présente des cavités et des crevasses qu'on ne trouve pas en aussi grand nombre dans la seconde, connue sous la désignation de *loupe roncée*. Ces cavités, comme on le conçoit facilement, offrent des obstacles pour le poli, mais ils ne sont pas insurmontables, et je dirai plus tard comment on parvient à les faire disparaître.

Le hêtre vient dans quelques contrées d'une hauteur et d'une grosseur extraordinaires; son écorce est blanche, luisante et piquetée. Le bois de hêtre a beaucoup d'analogie avec celui de noyer, on l'emploie à différens usages, on en fait des établis de menuisiers, des étaux de bouchers, des écroux, des moyeux de roues de voitures, et comme il est susceptible de supporter le fort assemblage, on s'en sert de préférence à bien d'autres, pour des meubles, et surtout pour des bois de lits, de canapés, de fauteuils. Le hêtre a l'avantage de ne pas se fendre, et de ne point contracter de gerçures; il se coupe en tous sens, se tourne très-bien et facilement, mais ses pores sont un peu gros, et ne pouvant par cela même recevoir le poli, on ne le tourne que pour en faire quelques ustensiles de peu de valeur, comme des écuelles, des égrugeoirs. On fait aussi dans certains pays avec le hêtre des sabots, des pelles à retourner le blé, et des formes pour les cordonniers et les chapeliers.

Le charme n'est propre ni au charronnage ni à la menuiserie, soit en meubles, soit en bâtimens; c'est un bois blanc dont les pores sont très-fins sans être serrés; il se tourne facilement, on le regarde comme plus propre que tout autre bois pour les mandrins qu'on nomme *à mastic*. On ne doit l'employer que quand il est parfaitement sec, autrement il est sujet à se fendre; cependant quand il est encore vert, on en fait des vis dont les filets se coupent très-vif et très-net, et qu'on estime beaucoup. Les tourneurs et les menuisiers n'ont pas de meilleurs maillets que ceux qui sont faits avec la partie noueuse du charme.

Le noyer. Il n'est personne qui ne connaisse cet arbre qu'on trouve dans toutes les provinces de la France. Excellent pour les meubles de toute espèce, il se tourne parfaitement, quoiqu'avec un peu de difficulté; il prend un très-beau poli. On s'en sert assez communément pour des poulies à émeri, pour des roues de rouets à filer, etc. Le noyer, quand il n'est pas pris trop jeune, est rempli de veines qui, bien symétrisées, produisent un effet très-agréable.

Le frêne peut servir à peu près aux mêmes usages que l'orme; c'est de tous les bois indigènes, le plus liant et le plus élastique. On tire aussi de cet arbre des loupes dont on ne connaît le mérite que depuis peu d'années. Ces loupes deviennent très-grosses, le bois en est dur, et peu sujet à se fendre: il est rempli de veines mélangées à l'infini, et présente des accidens qui ne se trouvent que dans aucun bois étranger; il est aussi roncé que l'orme tortillard, et il est susceptible d'acquérir, au moyen des acides, les couleurs les plus agréables.

Les loupes de frêne sont de trois espèces qui se connaissent par la couleur; on nomme la première, loupe brune; la deuxième, loupe blanche; et la troisième, loupe rousse.

La loupe brune est la plus recherchée par les ébénistes et les tourneurs, elle est d'un brun sombre mélangé de dessins d'une couleur plus tendre, et qui la rendent très-agréable à la vue.

La loupe blanche roncée est naturellement d'un beau moiré blanc, mélangé de couleur de café un peu tendre, et assez souvent parsemé d'accidens gris-bleu; on peut lui donner, au moyen de l'art, plusieurs teintes différentes. On ne doit employer la loupe blanche que deux ans au moins après que l'arbre a été abattu.

La loupe rousse est d'un jaune obscur mélangé de roux; c'est la moins estimée pour les ouvrages de tour. En général, la loupe de frêne est difficile à tourner, mais elle est précieuse pour les tabletiers. On en fait des nécessaires, et d'autres ouvrages en marqueterie de la plus grande beauté.

Le châtaignier ne s'emploie guère que pour faire des cerceaux, du treillage, et d'autres ouvrages de ce genre; on ne le tourne pas, et on n'en fait presqu'aucun usage dans les arts. Le châtaignier qu'on nomme sauvage vient très-haut et très-droit, on s'en servait autrefois pour faire des charpentes; celle de la cathédrale de Bourges, monument gothique, et par conséquent très-ancien, faite avec ce bois, est encore en ce moment aussi saine et aussi solide que si elle n'avait été construite que depuis peu d'années.

L'aune est un bois blanc extrêmement flexible, on en fait des échelles d'une très-grande hauteur, et en même temps très-solides : les tourneurs ne l'emploient guère que pour de grosses chaises, des couchettes d'enfant, etc. L'aune produit aussi des loupes dont le grain est à peu près le même que celui de la loupe d'orme, et qui, par leur couleur rouge et moirée, ressemblent beaucoup à l'acajou; on peut en tirer un parti très-avantageux pour les ouvrages au tour.

Le cerisier. On connaît plusieurs arbres de ce nom; le plus commun, celui qui se trouve dans toutes les parties de la France, est un bois tendre agréablement veiné, et qui se tourne assez bien; au moyen d'une eau de chaux, on lui donne une couleur brune ou rougeâtre, imitant assez l'acajou, et qui se conserve fort long-temps; on en fait particulièrement des chaises.

Le guignier, dont le bois est en même temps plus liant et plus dur, et *le merisier,* servent à faire de très-beaux meubles; les ébénistes et les menuisiers en emploient beaucoup, mais les tourneurs n'en font que des chaises; cependant le nœud du guignier peut servir pour de jolis ouvrages au tour.

Le bois de Sainte-Lucie, ou cerisier mahaleb, et *le putier,* ou cerisier à grappes, qui ne se trouvent guère que dans les Vosges, servent l'un et l'autre à faire des étuis; ces deux bois se ressemblent beaucoup : celui de Sainte-Lucie est dur, brun et conserve presque toujours une odeur assez agréable; celui du putier est très-bien veiné, quand il est scié de manière à ce que le fil soit coupé à angles aigus.

Le prunier ordinaire est un bois liant et doux, il a le grain fin, et se tourne très-bien, son veinage est agréable, on en fait de fort jolis ouvrages au tour, et les menuisiers l'emploient pour de très-beaux meubles. Les tourneurs préfèrent le prunier communément appelé prunier de Saint-Julien, dont la couleur, rouge dans le cœur, a beaucoup de rapport avec celle de l'acajou.

Le prunier sauvage passe pour être le meilleur, et il est en général le plus estimé pour les ouvrages délicats.

Le pommier ressemble beaucoup au cormier par ses veines et sa couleur, il est liant, dur, serré, et se travaille très-bien au tour ; il est susceptible de recevoir un très-beau poli, mais il est sujet à se rouler, ou à se tordre sur lui-même. On en fait d'excellentes vis, et surtout de très-bons outils de menuiserie.

Le poirier est un bois précieux pour tous les usages auxquels il s'emploie : moins dur que le pommier, mais doux, liant, ne présentant jamais ni nœuds, ni gerçures, d'ailleurs très-uni, très-égal, et ayant un grain fin, et se coupant dans tous les sens, il se tourne très-aisément. Il a de plus l'avantage de ne se jamais dégaucher ni déformer ; on s'en sert pour faire des modèles de machines.

L'alisier est de tous les bois celui qui est le plus propre pour le tourneur, car il ne lui manque aucune des qualités qu'on peut désirer. Blanc après avoir été battu, il acquiert en vieillissant de la couleur et de la dureté. Son grain est plus serré que celui du poirier, il se tourne avec facilité, et supporte les moulures les plus fines ; enfin, pour tout dire, il n'est point d'ouvrages pour lequel on ne puisse l'employer avec succès. Il prend différentes teintures rembrunies, et se polit très-bien. On en fait de très-belles vis et d'excellens mandrins pour les tours en l'air.

Le cormier vient dans les forêts et sur les montagnes, il est d'une couleur plus foncée que l'alisier, il est aussi plus dur et plus liant, mais il a le défaut de se tourmenter et de se fendre parfois jusque dans le cœur ; cependant il est très-estimé par tous les ouvriers. On le tourne et on le polit facilement, on en fait une infinité de petits ouvrages délicats. Le cormier de montagne présente des veines noires qui ne se trouvent pas dans celui des forêts, et sous ce rapport il lui est préférable. Les menuisiers se servent de cormier pour faire leurs meilleurs outils.

L'acacia n'est guère employé que par les tourneurs; son bois, d'un jaune verdâtre, est doux, dur et fin, il se tourne et se polit assez bien; ou en fait de bonnes roulettes de lit, cependant moins estimées que celles de gaïac, des mortiers, des pilons, des boîtes à humecter le tabac, avec tous les ustensiles nécessaires pour cette opération.

Le cornouiller est un bois blanc, fin, dur, qui a beaucoup d'analogie avec le houx, mais qui est en général d'une trop petite dimension pour être employé à des ouvrages un peu importans: il noircit en vieillissant, il n'est bon à tourner que pour de petits objets; on en fait de très-bons manches de marteaux.

L'érable est un bois de couleur jaunâtre, ferme, liant et souple, et assez facile à tourner; en lui donnant une couleur, on le fait souvent passer pour de l'acacia et même pour du buis. Les tourneurs font avec l'érable d'excellens manches d'outils. La loupe d'érable, qui est assez rare, pourrait être employée avantageusement pour des ouvrages au tour, mais elle a le défaut de s'égrener.

Le mûrier est chanvreux, dur et facile à polir; par sa couleur, ses veines et son grain, il ressemble à l'acacia; on l'emploie rarement pour le tour, parce qu'il a une raideur qui le rend difficile à couper; cependant on en fait des boîtes ou sébiles dont on se sert dans les bureaux pour mettre la poudre, on en fait aussi des encriers. On distingue deux espèces de mûriers, le noir et le blanc ; ces deux arbres ne diffèrent pas moins par leurs feuilles que par la nature de leurs bois, dont le grain, la couleur et la contexture ne sont nullement les mêmes.

Le houx se trouve plutôt dans les buissons et dans les haies que dans les forêts ; son bois est très-fin et parfaitement blanc, mais il jaunit et se retire même en vieillissant. Il se tourne très-aisément ; cependant il est particulièrement employé par les tabletiers qui en font les cases blanches du damier ; il est aussi très-bon pour des manches d'outils.

L'épine, qui vient communément dans les haies, s'élève rarement en arbre ; le bois de l'épine ressemble beaucoup à celui du charme, mais il est plus dur. Le grain est moins fin que celui du houx ; au reste ce bois est très-liant, et il a l'avantage de conserver long-temps sa beauté primitive.

Le sycomore ne s'emploie que pour faire des boîtes dont la légèreté fait le principal mérite ; c'est un bois tendre, présentant à sa coupe des ondulations assez agréables.

L'abricotier se tourne assez bien quand il est sain ; il offre parfois dans ses veines des variétés qui le rendent précieux, mais il est très-souvent pourri dans le cœur, sujet d'ailleurs à se fendre, et ne se polissant qu'avec beaucoup de difficulté ; on ne l'emploie que pour des ouvrages de fantaisie.

Le noisetier ou *coudrier* ne peut être employé par le tourneur que pour faire des étuis, des tubes, et autres ouvrages de ce genre ; son grain est égal, sa couleur est celle de chair un peu pâle.

Le néflier est un bois dur et flexible, très-recherché pour quelques ouvrages particuliers ;

il a le grain fin et égal, on peut lui donner un fort beau poli; on l'emploie communément pour faire des cannes.

Le micocoulier, bois dur, noirâtre et pesant, et ne contractant presque jamais de gerçures, est employé avec avantage par les sculpteurs; on en fait aussi des flûtes, des flageolets et autres instrumens à vent.

Le surcau vient à peu près dans toutes les contrées de la France; on en trouve parfois de très-gros; les tourneurs font avec les trognes de cet arbre certains ouvrages très-délicats.

L'amandier est un bois d'un beau veinage, dur, pesant, résineux, et en même temps assez liant; il ressemble tellement au gaïac, qu'il est difficile d'apercevoir la différence qui existe entre l'un et l'autre, surtout quand l'amandier est pris dans la partie la plus proche de la racine. Les menuisiers se servent de ce bois pour faire les manches des outils sur lesquels ils ont besoin de frapper, et l'expérience a prouvé que ces manches se fendent rarement et durent beaucoup. On préfère pour cet usage le bois de l'amandier dont les amandes sont amères, parce qu'on a observé qu'il a le grain plus serré que celui de l'arbre qui porte des amandes douces. On fait encore avec l'amandier, des alichons pour les roues de moulin, des poulies de puits et autres ouvrages. Ce bois demande certaines précautions particulières pour être propre soit au tour, soit aux ouvrages dont je viens de parler. On doit le laisser à l'air pendant quelque temps après l'avoir abattu, le mettre ensuite au grenier, ou dans un endroit sec, l'y laisser travailler au moins une année, et ne l'employer que quand il a fait tout son effet. On a remarqué que l'amandier qui se fend presque toujours étant vert, reste ensuite dans le même état et ne travaille plus. C'est un très-beau bois pour le tour, et qui a l'avantage de conserver son huile fort long-temps.

Le buis de France est d'une couleur jaune-verdâtre et naturellement veinée, il se rabote difficilement, mais il se tourne très-bien; comme ce bois est dur et qu'il a le grain serré, il supporte mieux que tout autre bois la vis faite au tour; on en fait d'excellens mandrins, pourvu qu'ils ne soient que d'une grosseur médiocre. Quoique le buis de France soit en général tortueux et noueux, ce qu'on nomme rabougri, il n'en est pas moins susceptible d'acquérir de l'élévation et une certaine grosseur; j'en ai vu dans quelques provinces, de cinq à six pieds de hauteur, sur six à sept pouces de diamètre, assez droits, et ayant dans la pile différens espaces absolument dégagés de nœuds. On trouve communément au buis qui croît dans les haies, des loupes venant à fleur de terre, et présentant des accidens naturels aussi agréables que variés. Ces loupes se travaillent parfaitement au tour, on en fait une infinité de petits ouvrages, et surtout des tabatières qui ont un très-joli poli. Assez souvent il se trouve dans les loupes, des fentes ou gerçures qui sont un moyen d'augmenter la beauté du bois, car ces fentes bouchées bien exactement avec de petits coins, forment des singularités qu'on peut varier à l'infini. On a inventé un moyen assez simple pour obtenir artificiellement les excroissances dont je viens de parler; ce moyen consiste à serrer avec une virole, ou petit cercle de fer, une branche de buis; à la partie ainsi comprimée de cette branche il se forme insensiblement une grosseur sur laquelle croissent chaque année de petites branches qu'on a soin de couper, il en résulte des nœuds multipliés, et ces nœuds recouverts par l'écorce , lors de la montée de la sève, produisent enfin les excroissances que nous nommons loupes. Elles sont plus faciles à travailler, et moins défectueuses que celles qui croissent naturellement. Je donnerai dans un autre endroit la manière de faire sortir les veines de la loupe et de colorer le buis. On se trompe, comme il est facile de voir, d'après ce que je viens de dire, en prétendant que les plus jolis ouvrages en buis sont faits avec la racine de cet arbrisseau.

L'if est un arbre qui croît très-lentement et qui ne vient jamais fort gros ; on en distingue de deux espèces, l'if anglais que M. Paulin Desormeaux nomme if sapin, et l'if de France ou noueux. L'if anglais est celui qui se trouve le plus communément en France, il croît ordinairement entre les rochers ou dans les terrains pierreux ; les nœuds qui se trouvent dans ce bois, et qui le rendent si agréable, sont formés par de nombreuses petites branches qui le couvrent depuis le haut jusqu'en bas. Le terrain où croît cet if influe beaucoup sur la couleur de son bois. Les nuances violettes qu'on y remarque parfois, annoncent qu'il est venu sur une terre ferrugineuse. L'if de France se distingue par son écorce lisse, par sa pile qui, vers le pied particulièrement, n'est pas, comme la pile de l'if anglais, couverte de petites branches, et surtout par la ressemblance particulière qu'il a dans son intérieur avec le bois de sapin. Cet if est sujet à se fendre : on l'emploie malgré cela à différens ouvrages de tour, et particulièrement pour des jouets d'enfans ; on en tire des planchettes bonnes à faire des dévidoirs, on en fait aussi de très-bonnes règles, des porte-huiliers et des boîtes fort jolies. L'if anglais peut être regardé comme un des plus beaux bois qu'il soit possible d'employer au tour; susceptible de recevoir un poli de glace, il est remarquable par sa dureté, la multiplicité de ses nœuds, la diversité de ses nuances et la beauté de ses couleurs. On en fait des nécessaires, des vases précieux, des tabatières et une infinité d'autres objets qui demandent du bois choisi. On doit le travailler avec de très-bons outils, car il est sujet à s'égrener sous le peigne; pour remédier autant que possible à ce défaut, on le tourne avec précaution, ayant soin que les outils et le bois soient constamment imbibés d'huile.

L'oranger est un bois de couleur jaune, ressemblant un peu au fusain, mais tenant beaucoup, par son grain, de la nature du charme; on ne peut guère en donner une définition exacte, parce que ne l'obtenant jamais que quand il est mort sur pied, il est impossible de connaître les caractères qu'il pourrait présenter, s'il était, comme les autres arbres, abattu vivant et parvenu à sa maturité. Il se rabote assez bien et se tourne passablement, mais il ne prend jamais un beau poli. On en fait des étuis qui, selon M. Bergeron, ne sentent absolument rien, mais que Paulin Desormeaux assure avoir, à l'intérieur, une odeur agréable.

Le citronnier est un bois jaune, uni, et sans veines; les tabletiers en font des nécessaires enrichis de clous d'acier à tête de diamant, et qui sont en même temps chers, et très-recherchés. On tourne peu le citronnier.

L'olivier est un bois jaune qu'on emploie presque avec autant d'avantage que le buis pour une infinité de petits ouvrages; il a des veines

2. 1*

très-agréables, il se tourne facilement, et il est susceptible de recevoir un fort beau poli. On fait surtout un très-grand usage de la racine de ce bois.

Le cognassier sert à faire de fort jolis ouvrages au tour. Pour l'employer, il faut qu'il soit bien sec, car autrement il est sujet à se fendre; il est bon de le tenir dans la cave, ou dans tout autre endroit frais, sans être trop humide. Le bois du cognassier est serré; jaune naturellement, il offre une partie noire dans le cœur; il se polit parfaitement bien.

Le vinetier ou *épine-vinette* est un arbrisseau qui croît dans les buissons et qui vient rarement assez gros pour être employé au tour; son bois, qui est jaune, sert aux teinturiers.

Le fusain est un bois jaune qui ressemble beaucoup au buis de France, mais qui n'en a pas les qualités; on ne l'emploie guère au tour que pour faire des fuseaux; il sert pour des lardoires, pour quelques ouvrages de sculpture, et particulièrement pour des pieds de roi. Une baguette de fusain brûlée dans un canon de fusil hermétiquement bouché, produit un charbon dont les dessinateurs font usage.

SECTION II.

Sauvageons ou arbres qui croissent sans culture.

Le pommier sauvage est un arbre fruitier qui se trouve assez facilement dans quelques contrées de la France; son écorce lisse, grise extérieurement, et jaune à l'intérieur, a beaucoup de ressemblance avec celle de l'if de France; son bois, d'un grain fin et serré, agréablement veiné, d'un rouge éclatant au centre, et jaune tout autour, est recherché par les tourneurs qui le regardent comme préférable à tous les autres bois de ce genre, dont ils peuvent faire usage. Il n'est pas sujet à se fendre, et il est assez communément rempli de nœuds dont les accidens sont très-agréables. On trouve des pommiers sauvages fort gros.

Le poirier sauvage est aussi un arbre qui croît dans les forêts; sa grosseur n'est pas moindre que celle du pommier; on le confond souvent avec le cormier, parce qu'il existe beaucoup de ressemblance entre l'écorce de l'un et de l'autre. Son bois est jaune, mais souvent ce jaune est entrelacé de différens filets, les uns couleur d'ébène, les autres d'un rouge brunâtre, ce qui le rend agréable à la vue, susceptible de se couper dans tous les sens et de prendre un beau poli; il se tourne très-facilement, il a le grain fin et n'est pas trop dur. On en fait des poupées de tour à pointes, des mandrins et d'excellens manches.

Le prunier sauvage est un excellent bois de tour, on l'emploie avantageusement pour différens ouvrages; cependant il ne peut être comparé ni avec le pommier, ni avec le poirier sauvage. Il ne vient jamais très-gros.

Les souches de vignes, si on pouvait en trouver qui fussent bien saines, seraient un bois précieux pour différens petits ouvrages au tour, mais presque toujours elles sont pourries dans le cœur; cependant plusieurs personnes sont parvenues à en faire de très-jolies tabatières.

Il croît encore sur notre sol une infinité d'autres bois que je me contenterai de désigner parce qu'ils ne sont pas susceptibles d'être travaillés au tour; il en est cependant certains dont les amateurs et les curieux peuvent tirer un parti assez avantageux pour de petits ouvrages, comme le genevrier, qui est agreablement veiné, tendre et susceptible d'un beau poli; le faux ébénier, bois dur, prenant bien le poli et d'une couleur assez agréable, surtout dans le cœur, qui est d'un vert sombre; l'arbre de Judée, dont le bois filandreux et ressemblant pour la couleur à celui de l'acacia, reçoit un poli très-agréable quand il est tourné en fil.

L'amelanchier, le faux acacia, l'azarolier, le bouleau, le figuier, le lierre, le liége, le lilas, le marronnier, le palissandre, le peuplier, le plane, le platane, le saule, le tilleul et le tremble, sont, indépendamment des autres bois dont j'a i donné la définition, à peu près les seuls qui croissent sur le territoire français.

SECTION III.

Bois étrangers.

Le buis d'Espagne est plein, uni, d'un beau jaune, dur, liant, luisant à la coupe, et susceptible de prendre un beau poli; il croît dans les Pyrénées, il s'en trouve de très-droits sans nœuds, et qui ont six et même sept pouces de diamètre. Le buis d'Espagne l'emporte sur celui de France, cependant il présente rarement les loupes dont les amateurs font tant de cas; il se tourne très-bien, supporte facilement les filets des vis, mais il faut de l'usage pour le bien couper au ciseau. C'est avec ce buis qu'on fait les flageolets, les flûtes, les clarinettes et autres instrumens à vent.

Le palissandre ou *palixandre* croît particulièrement à l'île de Sainte-Lucie, d'où il nous
vient en billes de dix à douze pieds de longueur;
il est dur, quoique poreux, d'un brun violet;
ses fibres sont sensibles et ses veines peu nombreuses; il est doux à tourner et assez difficile à polir; on en fait principalement des
étuis qui conservent presque toujours une odeur
agréable.

Le bois violet, qui croît dans les Indes orientales, tire son nom de sa couleur, il est dur et
se travaille fort bien au tour; des veines plus
ou moins claires le rendent très-agréable, c'est
une espèce de palixandre, et on peut l'employer
aux mêmes usages: on s'en servait beaucoup
autrefois pour des placages.

L'ébène noire, que les uns nomment ébène
maurice et d'autres plaqueminier, vient assez
communément de la Cochinchine; elle est d'un
beau noir et susceptible de recevoir un très-
beau poli; elle est sujette à se fendre, et pour
cette raison, on doit toujours la garder dans un
endroit frais, elle n'a point de pores et très-peu
de veines, le sens de ses fibres est à peine sensible; elle se tourne très-bien; on en fait des
manches fort jolis pour des cachets; on en fait
aussi des flûtes, des flageolets, etc. L'ébène produit un bel effet jointe en placage, à l'ivoire ou
à quelque bois blanc.

L'ébène de Portugal, qu'on nomme ainsi
parce qu'elle vient des colonies appartenant à
ce royaume, est d'un brun obscur, elle est plus
dure que l'ébène noire, elle prend un très-
beau poli, et se tourne parfaitement; ses fibres
et ses pores se distinguent aisément; on en
peut faire au tour des ouvrages de différente
espèce.

L'ébène verte vient de l'Amérique méridionale; sa couleur, d'où elle tire son nom, est d'un vert olive, des nuances claires séparent ses veines qui sont bien marquées. L'ébène verte est plus dure que les autres, elle se travaille très-bien au tour et prend le plus beau poli possible; elle sort parfaitement unie de dessous le ciseau; elle ressemble beaucoup à la grenadille avec laquelle on la confond même assez souvent.

Le bois de rose, un des plus agréables que nous ayions, croît aux Antilles et dans plusieurs autres pays; son nom lui vient de sa couleur qui est d'un rose veiné; les tourneurs en font de très-jolis ouvrages, on l'emploie aussi pour le placage; il est filamenteux, gras et assez dur, et difficile à polir; il perd sa couleur en assez peu de temps; on obtient des accidens plus beaux et plus marqués en le refendant en lames un peu de biais; il exhale, quand on le travaille, une odeur qui tient de celle de la rose.

La grenadille, agréablement veinée de brun sur un fond olive, est excellente pour le tour, elle prend un poli de glace, elle est très-dure et sert à faire des instrumens à vent qui ne sont pas aussi bons que ceux de buis. Sa couleur ressemble un peu à celle de l'acacia, dont cependant elle n'a pas le grain. Ce bois vient de la Cochinchine.

Le gaïac, par sa finesse et sa dureté, est un excellent bois de tour; son aubier, d'abord d'un blanc jaune, se fonce ensuite, et est encore obscurci par une infinité de petits pores de couleur noire. Le cœur, qui est d'abord d'un brun olivâtre, s'éclaircit vers le centre, il présente des veines peu nombreuses, et se polit facile-

ment. Comme il nous vient des Antilles en gros
rondins, il peut servir à des pièces d'un fort
diamètre ; on en fait des roulettes de lit, des
poulies, des cylindres de presse en taille douce,
et plusieurs autres ouvrages qui demandent de
la solidité.

Le cormier des îles est d'une couleur plus
grise que celui de France, ses veines sont plus
marquées et moins fréquentes ; mais, quant au
reste, il lui ressemble beaucoup, et il a toutes
ses propriétés ; il est très-dur, se tourne fort
bien, et prend un très-beau poli ; on en fait de
très-bons outils.

L'acajou est une espèce de noyer d'Amérique, qui vient d'une grandeur et d'une grosseur énormes ; on en distingue de plusieurs
espèces, d'abord le dur et le tendre ; le dur est
de deux sortes, l'une veinée et l'autre mouche-
tée ; cette dernière espèce est assez rare. L'a-
cajou en général, est d'un jaune rougeâtre
quand il est nouvellement travaillé, et il brunit ensuite. L'acajou pris dans des culasses d'arbre, et que les ouvriers nomment *ronces*, quand
il est refendu, produit des accidens infiniment
précieux. Enfin, l'acajou bâtard, qui n'a de
commun avec les autres que la couleur, est le
seul qui soit propre au tour ; il est compacte et
dur, se polit très-bien, et ne brunit pas comme
les espèces précédentes.

Le noyer de la Guadeloupe est dur, de couleur jaunâtre veinée de jaune plus foncé, il se
tourne assez bien, et reçoit un joli poli. Ce n'est
pas un bois très-important ; au reste, il ne ressemble en rien au noyer de France.

L'amarante, qui nous vient de l'Inde, tire
son nom de sa couleur ; quoique ses pores ne
soient pas serrés, il est dur, se polit fort bien,

et se tourne aisément ; les ébénistes l'emploient
en le mélangeant avec du bois de couleur différente.

Le cèdre est un arbre très-renommé dans l'an-
tiquité, par sa hauteur et sa grosseur ; son bois
ressemble à celui du hêtre, mais il a les pores
plus fins, et sa couleur est plus foncée ; il est
tendre, il a une odeur aromatique très-forte, il
se rabote très-bien, et peut servir pour quelques ouvrages de tour.

Le santal citrin, ainsi nommé parce que son
bois a une odeur qui tient un peu de celle du
citron, est fin, il peut recevoir un beau poli ; sa
couleur est absolument la même que celle du
cèdre, mais ses fibres sont différentes; il est susceptible d'être travaillé au tour.

Le santal blanc, assez mal nommé, puisque
sa couleur est plus jaune que blanche, a des
pores fins quoique serrés, il se tourne assez bien;
son bois ressemble un peu au châtaignier de
France, mais il est plus fin, plus dur, et se polit beaucoup mieux.

Le bois satiné ordinaire a beaucoup de ressemblance avec le noyer, quant à ses propriétés;
sa couleur est d'un jaune foncé, entrelacé de
quelques veines, et ses pores sont gorge de pi-
geon ; on le tourne facilement, et il produit un
effet charmant quand il est mêlé avec d'autres
bois.

Le bois satiné jaune est d'une couleur foncée, et légèrement veinée; il ressemble assez
par son grain, ses pores et son fil, à de l'alisier blanc auquel on aurait donné une couleur ;
il se tourne très-bien, mais il est sujet à être
piqué par de petits vers qui pénètrent jusqu'au
cœur.

Le bois satiné rouge est un des plus beaux

bois que nous retirions d'Amérique; d'un beau pourpre veiné de brun, dur, prenant très-bien le poli, et se tournant facilement, il est propre à faire de petits ouvrages très-jolis.

Le coco croît dans toutes les îles de l'Amérique; l'écorce de son fruit est extrêmement dure, et susceptible du plus beau poli, son bois est aussi très-dur, très-serré, très-compacte, en même temps très-lourd, mais peu veiné; il se tourne facilement, et reçoit un poli de glace; sa couleur est d'un brun sombre.

Le mancenillier vient des Antilles, il est d'un jaune foncé tirant sur le brun, il a certaine ressemblance avec l'érable, par ses veines et ses ondes, mais il est beaucoup plus dur; il se tourne facilement, et il est susceptible d'un très-beau poli; on en fait des vases magnifiques. Il sort de ce bois, quand il est vert, une substance laiteuse qui est un poison.

Le corail croît dans l'Inde et dans l'Amérique méridionale; sa couleur qui est du plus beau rouge, mais trop uniforme, lui a fait donner le nom de corail; son bois est fin, dur, susceptible de recevoir un beau poli, et se tourne facilement.

Le corail damassé, ainsi nommé parce que ses veines imitent le linge damassé, est un des bois étrangers les plus agréables, mais il est difficile de s'en procurer; sa couleur est d'un rouge plus brun que le premier; il est fin, dur, presque point poreux, et facile à tourner.

Le bois de perdrix, ainsi nommé parce qu'il contient une infinité de petites mouches gris-brun, est très-dur; il est plus clair, plus compacte et plus lourd que le palixandre avec le-

quel on le confond souvent. Il n'a pas de
veines bien marquées; il présente une particularité rare, c'est qu'il a des fibres trans-
versales d'une régularité surprenante, et qui
produisent un très-bel effet dans les ouvrages
de tour.

Le bois de Chine. On en distingue de trois
espèces, le veiné, le moucheté, et celui qu'on
nomme *amourette.* Le premier est d'un brun
obscur, veiné de petites flammes, et très-dur;
on le tourne facilement, on en fait de belles
règles. Le second ressemble beaucoup au premier, il a la même finesse et la même dureté,
mais les mouches y sont plus sensibles; ses pores sont si serrés qu'on ne les distingue qu'à
peine; il se polit et se tourne facilement, on en
fait des archets de violon. *L'amourette* est un
bois dont les veines sont jetées en différens sens,
et qui, coupé de différentes manières, offre des
variétés très-intéressantes. Il est dur, fin, compacte, et se tourne parfaitement; il a des nuances qui se modifient depuis le rose jusqu'au
rouge brun foncé, et qui, dans les ouvrages de
tour, font un effet charmant.

Le bois de Rhodes est très-serré, très-dur et
très-fin; il a beaucoup de rapport avec le buis
de couleur jaune pâle, il a une odeur très-agréable, et se tourne parfaitement bien; il peut,
pour plusieurs ouvrages, remplacer avantageusement le buis.

Le bois de fer, qui tire son nom de sa dureté
et de sa pesanteur, est veiné comme le bois
violet et de la même couleur; il n'a pas les pores plus serrés que le palixandre, mais il est infiniment plus dur. On le tire de l'Amérique méridionale. Tourné en planche, il reçoit un fort
beau poli, et offre des nuances bien coupées.

Son principal mérite consiste dans sa dureté; on en fait des outils de menuiserie très-précieux.

~~~~~~~~~~~~~~~~~~~~~~~~~~~~~~~~~~~~

CHAPITRE XIV.

PRÉPARATION DES BOIS AVANT DE LES TOURNER.

SECTION PREMIÈRE.

Préparation des bois.

Cette opération demande de l'adresse, et surtout une grande connaissance des bois qu'on veut travailler, parce qu'autrement on s'exposerait à des pertes continuelles. (On peut voir pour la nature des bois ce que j'ai dit chap. XIII.)

Il est des bois qui se fendent facilement, et d'autres qu'il serait difficile et souvent dangereux de fendre; car, à l'instant où l'on s'y attend le moins, le fil de ces bois se dérange, et la fente va tout e travers. Il arrive souvent que lorsqu'on veut fendre un morceau de sauvageon, la fente tourne sur elle-même, et va se terminer vers le bout opposé, à l'équerre de la ligne d'où l'ouvrier est parti. Le frêne est de tous les bois celui qui se fend le plus droit. L'orme tortillard, le pommier sauvage, le buis et tous les bois tendres ou durs, sujets à renfermer des nœuds, ne peuvent jamais être fendus.

Au reste, le parti le plus sûr est de débiter tous les bois à la scie, et de n'en fendre que très-rarement. Les bois indigènes sont les seuls qu'on puisse fendre, car on ne fend pas les bois étrangers.

Quand on veut tourner un morceau de bois, et que ce morceau doit être pris dans une pièce en *grume*, ou sans écorce, on examine bien de quel sens il est à propos de le prendre pour éviter les défauts qu'on peut y remarquer, comme des nœuds, des fentes, etc. On coupe ensuite le morceau sur sa longueur, et s'il est bien de fil, si on n'y aperçoit aucun nœud, on peut essayer de le fendre en quatre, avec un coutre ou bien avec les coins, selon sa grosseur et sa longueur; mais, je le répète, on ne saurait apporter trop de soin à cette opération. Les tourneurs n'emploient que pour des ouvrages peu importans, le bois en bûche ou en grume, parce qu'il présente des défauts qui le rendent impropre pour les ouvrages délicats.

Quand les morceaux ont été sciés ou fendus, on les ébauche sur le billot avec la hache dont j'ai parlé plus haut; on ne doit pas beaucoup incliner le bois, parce qu'on pourrait y faire des hachures trop profondes; on ne courra pas le même risque en frappant ses coups presque parallèlement au bois, et en n'enlevant que de petits éclats. Après avoir dégrossi le bois avec la hache, on le pose sur un établi, et on dresse à la varlope. On lui donne ordinairement huit pans qu'on fait disparaître ensuite avec le rabot ou la râpe.

Quand on ébauche un morceau de bois, et qu'on craint, en enlevant des éclats un peu trop gros, de prendre sur la grosseur nécessaire pour la pièce qu'on veut tourner, on fait de distance en distance avec la gouge, ou même avec la hache, des encoches, et par ce moyen on est as-

suré de ne rien enlever au-delà ; il faut aussi
que ces encoches soient faites sur les nœuds
qu'on veut faire disparaître ou enlever seulement
en partie.

Comme très-souvent il se trouve dans les deux
bouts du bois, des fentes ou gerçures qui se pro-
longent très-avant, il est bon d'enlever avec une
scie les deux extrémités de tous les bois en grume qui ont été anciennement coupés, et qui
sont restés à l'humidité de l'air. On doit aussi
prendre le bois un peu plus long que l'objet
qu'on veut confectionner, d'abord pour que les
trous des pointes ne paraissent pas, et ensuite,
parce qu'il est rare qu'on scie le bois parfaitement droit.

Les bois étrangers, comme je l'ai déjà dit,
ne se fendent pas, mais se débitent à la scie,
soit qu'ils nous viennent en planches ou en bûches ; on se sert pour les plus durs, de la scie à
main, et pour les autres, de la scie à refendre.
On les scie d'abord à la longueur de la pièce
qu'on veut tourner, et ensuite on les refend en
leur laissant un diamètre égal à la grosseur de
cette même pièce ; on prend sur chaque bout
la circonférence avec le compas, et on dégrossit
avec la hache ; on corroie ensuite avec la varlope ou le rabot ; quelquefois, ce qui arrive
quand le bois est trop dur ou trop noueux, on
est obligé d'employer la râpe. Quand une pièce
est ébauchée et corroyée, si l'on ne veut pas la
travailler au tour à pointes dans toute sa longueur, on peut la rogner et en tirer des rouelles
qui ne sont pas perdues, si on les fait assez
épaisses pour qu'elles puissent être employées
à des ouvrages qui se font sur le tour en
l'air.

En général le bois doit être débité dans le

2.   2

sens transversal du fil au moyen de la scie. Quoique le bois ait été corroyé, les rouelles qu'on en tire sont rarement assez rondes pour être mises telles sur le tour en l'air; pour ne pas manquer son opération et perdre son bois, on trace sur chaque bout, avec un compas à pointes d'acier, assez fort pour ne pas plier, un cercle un peu plus grand que la circonférence qu'on veut donner à la pièce qu'on doit tourner. Quand ce cercle est bien inscrit sur la surface du morceau de bois, on met la pièce sur un établi de menuisier, et on enlève avec la scie ou avec la varlope, quand le morceau de bois est long, tous les angles, en approchant du cercle sans toucher au trait du compas; ensuite on remet la pièce dans un étau de fer ou de bois, et, avec la râpe à bois, on finit par enlever toutes les inégalités qui peuvent encore rester; cette opération terminée, le morceau de bois est bon à mettre au tour.

SECTION II.

Manière de corroyer le bois.

On appelle corroyer une pièce de bois, en dresser les surfaces et les mettre d'équerre les unes par rapport aux autres, ou déterminer dans les parties cintrées, la courbure d'une face par rapport à une autre face.

On commence par ébaucher le morceau de bois qu'on veut tourner, avec une varlope qu'on nomme *riflard*, et on achève de le dresser avec une varlope ordinaire. On doit avoir soin de placer le fer de l'outil de manière à ce que son taillant soit bien parallèle avec la surface de la varlope, car autrement on enlèverait trop de bois, ou bien on n'en enlèverait pas assez, ou bien encore on ne l'enlèverait pas droit, ce qui est un défaut bien grand. Pour s'assurer si les surfaces sont bien unies, on se sert d'une règle, on détermine avec un compas ou une équerre qu'on nomme *sauterelle*, la dimension des surfaces et leur inclinaison, quand elles ne sont pas perpendiculaires. Cette première opération demande beaucoup de soin, et surtout quand on commence à tourner, car on gâte souvent beaucoup de bois. Le seul principe que je puisse donner à ce sujet, c'est que pour obtenir une surface unie, quand on commence à la dresser, on doit, en plaçant son outil sur le bois, et en le poussant, n'appuyer dessus qu'avec la main gauche, et pousser avec la main droite, et quand l'outil arrive au bout de la pièce, il faut cesser d'appuyer et abandonner la varlope à son propre poids; la pratique, au reste, est encore, en ce genre, le meilleur maître qu'on puisse avoir.

SECTION III.

Manière de plaquer le bois.

On sait que par le mot placage, on entend la manière de couvrir un meuble avec une feuille de bois plus précieux que celui dont est fait le meuble même. Je ne dirai que deux mots sur cette opération qui appartient particulièrement à l'ébéniste et au tabletier.

Quand le meuble ou la partie du meuble qu'on veut plaquer, est faite assez solidement, et avec du bois assez sec pour qu'il ne travaille plus, on applique dessus la feuille avec les précautions suivantes : on coupe le bois de placage en morceaux de grandeur et de forme convenables, on ajuste les parties extérieures, tant de longueur que de largeur, et pour que le morceau n'outrepasse pas le trait marqué, on pose plusieurs pointes tout le long, ensuite on mouille la feuille sur le côté extérieur, avec de la colle bien claire, ou simplement avec de l'eau tiède, et ensuite on l'enduit sur la face qui doit être appliquée sur le bois, avec de la colle forte un peu épaisse, on enduit de même la partie du meuble sur laquelle doit être placée la feuille de placage; il est bon, auparavant, de chauffer un peu le bois; quand la feuille est placée, on appuie fortement dessus la panne du marteau à plaque, en la poussant du milieu aux extrémités, afin qu'il ne reste nulle part de la colle plus qu'il n'en faut. Quand la feuille est bien mince, au lieu de marteau, on se sert d'un tampon de linge, ou simplement de la paume de la main.

SECTION IV.

Manière de polir le bois.

J'ai parlé ailleurs de la méthode qu'on peut employer pour faire disparaître les trous et les crevasses qui se trouvent presque toujours dans les loupes d'orme et autres; il ne sera donc ici question que de la manière de polir ces loupes et les autres bois.

Après avoir dressé un pièce faite sur le tour, il reste encore des sillons et des bavures qu'il faut faire disparaître; on se sert à cet effet d'un ciseau, et pour adoucir le bois en emploie une lime neuve; ces moyens sont parfois insuffisants

pour enlever la barbe du bois, et alors le seul
parti qu'il reste à prendre, c'est de remettre la
pièce sur le tour et de lui donner un mouvement contraire à celui au moyen duquel elle a
été tournée la première fois; on est assuré par
ce moyen d'adoucir le bois et de lui donner
même une espèce de poli.

Pour achever de le polir, on le frotte en montant et en descendant, d'abord avec un papier
de verre de grain moyen, et ensuite avec un
papier fin de même espèce. Au bout d'un certain temps, on mouille légèrement la pièce, et
on la frotte de nouveau avec le même papier. On
fait sécher ce papier, on le brosse bien, et
on frotte de nouveau, et toujours de la même
manière, le bois sur lequel on a répandu de
l'huile, et sur lequel on a soin d'en mettre encore de temps en temps; on laisse après cela le
papier de verre, et on se sert d'un chiffon saupoudré avec de la poudre fine et bien tamisée
de pierre ponce; puis, répandant sur la pièce
même, de bon tripoli, on frotte cette pièce avec
du papier gris; quand on s'aperçoit que la pièce
s'échauffe par le frottement, on prend un autre
papier, on répand de nouveau du tripoli sur la
pièce, et on recommence à la frotter; enfin, on
continue de même jusqu'à ce qu'on ait obtenu
le poli qu'on désire.

SECTION VI.

Manière de composer le vernis.

Je parlerai ailleurs plus au long des différens
vernis et de la manière de s'en servir; mais cette
opération étant la suite nécessaire de celle que
je viens de décrire, je dois au moins dire ce qu'il

est indispensable qu'on sache pour faire du vernis ; on prend :

1° Un litre d'esprit-de-vin.

2° Deux onces deux gros de gomme-laque.

3° Un gros de sandaraque.

4° Un gros de mastic en larmes.

On pile bien le tout ensemble, on met ensuite la mixtion avec l'esprit-de-vin, dans un vase de terre vernissé, ou si on l'aime mieux, dans un vase de métal, et on fait infuser sur un feu très-doux, en ayant soin de remuer souvent avec une petite spatule. Le vase doit être d'une grandeur calculée de manière à ce qu'il reste au moins à un tiers vide pendant l'infusion ; il faut aussi avoir soin de le tenir bien couvert.

Quand ce vernis est destiné pour de l'acajou ou autres bois rouges, on y joint une demi-once d'orseille.

On peut, si l'on veut, faire infuser son vernis au bain-marie, et même au bain de sable : mais cette dernière méthode n'est pas sans inconvéniens.

SECTION VI.

Manière d'appliquer le vernis.

Pour appliquer le vernis, on fait un tampon avec de l'étoffe de laine, et mieux avec un vieux bas tricoté, on met dessus quatre ou cinq gouttes de vernis, et on recouvre le tampon avec un linge bien doux. Si le vernis transperçait aussitôt le linge, et s'il paraissait dessus en formant une espèce de placard, ce serait une preuve qu'on en aurait trop mis, et alors il faudrait remettre un second linge sur le premier. Quand le vernis ne paraîtra presque pas, ou au moins très-peu, on versera sur le milieu du tampon une goutte d'huile d'olive, et on frottera légèrement le bois qui a dû être disposé d'avance à l'opération. On doit avoir soin d'étendre le vernis bien exactement et bien également sur toutes les parties du bois, et de n'y laisser aucune raie. On frotte jusqu'à ce que ce vernis soit bien sec; pour s'en assurer, on porte de temps en temps le bout du doigt sur une surface plane, et s'il y reste la plus légère empreinte, c'est une preuve que le vernis n'est pas assez sec.

On ne peut pas déterminer au juste le nombre de couches nécessaires, cependant trois suffisent ordinairement pour donner un vernis beau et solide.

Plusieurs causes peuvent empêcher le vernis de prendre; quelquefois c'est l'huile qui, dans les préparations préliminaires, n'a pas été assez bue; d'autres fois, la difficulté vient de ce qu'on a mis trop d'huile sur le tampon. Dans le premier cas, il faut frotter de nouveau la pièce avec du tripoli, en se servant de papier de verre; et, dans le second cas, on met du vernis sur le tampon, et on frotte jusqu'à ce qu'il prenne. On est souvent obligé, pour faire prendre le vernis, de frotter de manière à échauffer le bois. Je parle ici du vernis clair dont se servent particulièrement les ébénistes. Mais il est un autre vernis plus épais qu'on ne peut bien appliquer qu'en échauffant le bois par le frottement. On fait encore une troisième espèce de vernis qui s'applique avec un pinceau.

Refendre une pièce de bois avec une scie à ressort.

La scie à ressort est si commode pour refendre du bois en lames de toutes dimensions, que je n'ai pu m'empêcher d'en donner ici la description. Cette scie, qu'on place ou sur un établi fait exprès, ou bien sur un établi ordinaire, se met dans une espèce de châssis. Elle glisse sur une coulisse pratiquée sur la face intérieure des deux montans dont le haut est retenu par une double traverse, et le bas par une pièce que l'on peut hausser et baisser à volonté, et fixer à tel point qu'on désire, au moyen de deux vis. Cette pièce, en maintenant l'écartement des deux montans, sert de conducteur à la scie et l'empêche de gauchir pendant l'opération. Les deux montans entrent un peu juste dans cette pièce, qui, ainsi que la double traverse du haut, donne passage aux montans de la scie. Au milieu de cette même pièce, est une fente par laquelle la lame de la scie passe très-juste, et est placée de manière à ne pouvoir gauchir.

La monture de la scie est la même que celle des autres scies à refendre, seulement on a soin de tenir les deux bras un peu plus forts, et de les attacher aux montans d'une manière solide.

Le châssis est tenu sur l'établi, par des tenons dont l'épaisseur égale la largeur de la rainure de l'établi. Ces tenons, percés de deux mortaises carrées, se fixent sur l'établi avec des clés à vis. La scie est attachée par le haut à la

perche ou à l'arc, et par le bas, à la marche
ou pédale, et en la faisant monter et descendre,
on met en mouvement la scie qui a la faculté
de se mouvoir du haut en bas. Comme en se
servant de cette scie, on a les deux mains li-
bres, on peut avec facilité diriger la pièce qu'on
veut refendre. Quand le morceau de bois qu'on
refend est un peu épais, on fait faire au barillet
un ou deux tours de plus, ou bien on prend
la corde de la perche d'un peu plus haut. Au
reste, pour cette opération comme pour la majeure partie de celles qui sont relatives au tour,
l'expérience est le meilleur des maîtres. Peut-
être serait-il possible d'employer avantageusement pour faire mouvoir la scie, une roue
placée soit en dessus soit en dessous de l'é-
tabli.

Préparation de l'écaille.

L'écaille est, comme tout le monde le sait,
la coquille ou la couverture d'une tortue de
mer qu'on nomme *caret*. On en tire beaucoup
des Antilles, mais il en vient aussi de plusieurs
autres contrées de l'Amérique. L'écaille se forme
de treize feuilles qu'on détache assez facilement,
quoiqu'elles soient adhérentes les unes aux autres. On ne sera peut-être pas fâché de savoir
comment ceux qui vont à la pêche de la tortue
parviennent à avoir, sans peine, les feuilles
toutes détachées. Quand la tortue est prise, ils
la présentent au-dessus d'un brasier, et aussitôt
qu'elle sent la chaleur, elle fait des efforts qui
détachent les feuilles de son écaille de manière
qu'on n'a que la peine de les prendre à mesure

qu'elles se séparent. L'écaille est transparente, et susceptible de recevoir un très-beau poli ; on en fait des boîtes, des étuis et autres petits ouvrages très-recherchés. On l'achète presque toujours en feuilles. Quand on veut la débiter pour l'employer, on l'amollit en la trempant dans l'eau chaude ; lorsqu'elle est assez molle pour être étendue sans casser sous la presse, on la met sur l'établi, et on la couvre avec une planche unie, ou plutôt avec une plaque de cuivre, qu'on aura eu soin de faire tremper aussi pendant quelques minutes dans l'eau chaude ; on la presse alors avec le valet, afin de lui faire perdre sa forme convexe et de l'aplatir. Les uns la coupent pendant qu'elle est encore molle, et c'est la meilleure manière ; d'autres attendent au contraire qu'elle soit froide. Alors on la débite et on l'ébauche avec les mêmes outils dont on se sert pour les bois durs. Quand on veut mettre un morceau d'écaille sous le valet ou dans l'étau, pour en abattre les inégalités, on peut en râper les angles ; il faut avoir soin que l'écaille ne touche pas le fer, qui pourrait la faire fendre ou éclater ; alors on met de petits morceaux de bois plats entre l'écaille et le fer.

L'épaisseur des feuilles d'écaille n'est pas, comme on le sait, égale partout. Pour obtenir cette égalité, voici un procédé bien simple, et qu'on emploie surtout quand on n'a besoin que d'un petit morceau. On prend deux plaques de cuivre épaisses d'un pouce, qu'on fait bien chauffer à l'eau bouillante, on met entre ces deux plaques le morceau d'écaille, et pour l'avoir de l'épaisseur nécessaire, on place entre ces plaques de cuivre, de petites lames de fer de cette même épaisseur, et on presse les pla-

ques avec un valet ou une presse. Les lames de
fer doivent être placées de manière à ne pas
toucher l'écaille. On peut, si l'on veut, mettre
par-dessus les plaques de cuivre une planche de
bois ferme. On est assuré par ce moyen d'avoir
un morceau d'écaille d'une épaisseur parfaitement égale.

SECTION IX.

Préparation de la corne.

La corne de bœuf, de buffle, de bouc et de
quelques autres animaux à pieds fourchus,
remplace l'écaille dans une infinité d'objets qui
ne sont pas d'un grand prix. Parmi les cornes
de bœuf celle d'Irlande est la meilleure. On
pourrait faire de très-beaux ouvrages avec la
corne de rhinocéros, mais elle est fort rare. On
distingue dans la corne deux parties, l'une
creuse et l'autre pleine; cette dernière est celle
qui se trouve à l'extrémité la plus éloignée de
la tête; sa longueur est ordinairement de trois
à quatre pouces. On commence par la débiter
dans l'étau avec une scie à découper, puis on
la refend en morceaux, suivant la proportion
des ouvrages qu'on veut en faire, et enfin on
arrondit ces morceaux avec l'écouène. On se
sert pour cela de l'étau. On peut aussi se servir
de la partie creuse pour faire des cercles et des
gorges de boîtes de peu de valeur.

SECTION X.

Préparation de l'ivoire.

L'ivoire est la matière la plus précieuse que

nous ayions pour le tour. On en distingue particulièrement de deux espèces, l'un qui vient
de l'hippopotame et l'autre de l'éléphant; le
premier est très-dur, se polit parfaitement bien,
et a l'avantage de ne point jaunir; mais il est
très-rare, on ne peut même se flatter de pouvoir en obtenir; l'autre, au contraire, est très-
commun. Tout le monde sait que l'ivoire est
la matière composant les deux grosses dents de
l'éléphant, qu'on nomme ses défenses; on en
trouve qui sont énormes; il n'est personne,
s'occupant du tour, qui ne connaisse les différens usages auxquels l'ivoire peut servir. Il se
tourne facilement et se polit très-bien; on le
distingue sans peine de l'os, qui n'est pas grand
et ne présente pas les mêmes nuances. L'ivoire
qu'on nomme vert, est plus recherché que le
blanc, parce que l'expérience a prouvé qu'il
jaunissait moins. On débite l'ivoire de la même
manière que la corne, on le scie dans l'étau,
ou sous le valet, en morceaux dont on propor-
tionne la grosseur et la longueur à la pièce qu'on
veut faire, et on arrondit ensuite ces morceaux
avec une râpe à bois, ou avec une lime; on
conserve la râpure qui sert à faire le noir qu'on
appelle noir d'ivoire. J'observe que les limes dont
on se sert pour l'ivoire ne doivent avoir limé ni
fer ni cuivre.

SECTION XI.

Préparation des os.

L'os, quelque bien choisi, quelque bien travaillé qu'il soit, ne peut jamais égaler l'ivoire;
on l'emploie cependant, et surtout celui de
cheval, pour d'assez jolis ouvrages. L'os est na-

turellement gras avant d'être travaillé; on le
dégraisse et on le blanchit en le faisant bouillir environ une demi-heure, dans un pot de
terre neuf, ou dans une chaudière de cuivre
étamée, avec de la chaux vive et de l'eau. Il
est parfois des os qui, après cette première lessive, ne sont pas suffisamment dégraissés; alors
on met de l'alun de roche et du son de froment
dans de l'eau bouillante, on y plonge les os, et
on les y laisse jusqu'à ce que la lessive soit refroidie. On débite l'os de la même manière que
l'ivoire; on scie les morceaux creux en tubes;
comme on n'emploie guère pour le tour, que
les os de la jambe et de la cuisse, il s'en
trouve souvent d'assez gros et d'assez épais
pour être refendus en parallélogrammes; alors
on abat les angles de ces morceaux avec la râpe
ou avec la lime. L'os est plus dur à tourner que
l'ivoire; il reçoit un assez beau poli, mais il se
casse facilement.

CHAPITRE XV.

MOULAGE DES BOIS, DE L'ÉCAILLE, ETC.

SECTION PREMIÈRE.

Moulage des bois.

Tous les bois ne se moulent pas également
bien; il en est qui réussissent beaucoup mieux
que les autres, et ce sont en général ceux
dont les pores sont plus fins et les fibres plus
délicates.

La loupe de buis est incontestablement celle qui rend le relief le plus net; le buis ordinaire, l'if, le noyer, le bois de rose viennent assez bien; mais le dernier étant échauffé, perd entièrement sa couleur. D'ailleurs tous ces bois, à l'exception des loupes, reprennent leur état naturel au point qu'il n'y reste aucune empreinte de la moulure, si on les trempe simplement dans l'eau pendant quelque temps. Les bois résineux, et ceux qui contiennent beaucoup d'huile, ne sont nullement propres au moulage.

1. *De la presse.* — La pièce la plus essentielle pour cette opération, est la presse dont je vais donner la description.

On l'établit sur un banc formé d'une seule pièce de bois, de quatre à cinq pieds de longueur sur quatre à cinq pouces d'épaisseur, et deux pieds environ de largeur. Ce banc, dont l'élévation ne doit pas aller au-delà de dix-huit à vingt pouces, est supporté par six pieds de quatre à cinq pouces d'équarrissage, scellés dans la terre avec des pierres et du mortier, ou bien dans le plancher si l'on ne peut faire autrement. Sur ce même banc, on place un étrier de fer dont les bouts sont coudés en équerre; pour le fixer solidement, on passe dans des trous pratiqués au milieu des bouts courbés, deux boulons en fer à tête carrée, qui traversent l'établi dans toute son épaisseur, et sont arrêtés en dessous par deux forts écrous. Au haut de l'étrier, se trouve une entaille susceptible de contenir juste une des branches de la presse. La semelle de la presse entre aussi très-juste dans une rainure à coulisse, pratiquée dans l'épaisseur du banc. Comme il pourrait arriver que la force de la presse emportât le bois, on garnit les deux bords de la rainure de deux bandes de fer coudées en équerre par chaque bout, et qui, passant dans l'épaisseur du banc, sont serrées en dessous avec de forts écrous.

La presse doit être toute en fer et d'une seule pièce. Deux montans soudés à un fort patin et recourbés par le haut, se rejoignent, et laissent à leur milieu un trou rond où se place un écrou en cuivre destiné à recevoir la vis dont la tête est carrée; entre la tête et les filets, doit se trouver une embase où porte le tourne-à-gauche, ou la clé avec laquelle on tourne la vis. La presse, ainsi établie, est d'une solidité à toute épreuve. (Voyez *Pl.* II, *fig.* 53.)

Les ustensiles dont on se sert pour faire agir la presse consistent en :

1° Deux fers à chauffer qui peuvent avoir cinq à six pouces de longueur sur quatre à cinq de largeur; leur épaisseur doit être de cinq à six lignes. (Voyez *Pl.* II, *fig.* 55 et 56);

2° Des anneaux ou moules en fer de différentes grandeurs, suivant le diamètre qu'on veut donner aux tabatières. Ces anneaux doivent être garnis dans l'intérieur d'une virole de cuivre qu'on fait entrer de force, et qu'on rive, si l'on veut, de haut en bas, sur un chanfrein qu'on doit avoir fait aux deux bords extérieurs de la virole de fer. Ces anneaux doivent être tournés dans l'intérieur avec le plus grand soin, et être un tant soit peu plus larges d'un côté que de l'autre. On reconnaîtra le côté le plus large, au moyen d'une marque qu'on y aura faite. (Voyez *Pl.* II, *fig.* 54);

3° Un tasseau de fer dressé avec beaucoup

d'exactitude par-dessous, et un peu concave par-dessus (Voyez *Pl.* II , *fig.* 9) ;

4° Deux tampons en fer , dont l'un sert à faire sortir la pièce du moule , et l'autre à presser sur toute la surface du bois ou de la corne qu'on veut mouler ; ce dernier doit être de la grosseur intérieure de l'anneau (Voyez *Pl.* II , *fig.* 10 et 11) ;

5° Une grande clé en fer dont on se sert au lieu du tourne-à-gauche quand il faut presser fortement (Voyez *Pl.* II , *fig.* 12) ;

6° Des galets ou rondelles en cuivre qui doivent être un peu moins grandes que les moules ;

7° Enfin , le tourne-à-gauche. (Voyez *Pl.* II , *fig.* 19.)

On place ordinairement l'établi au milieu du laboratoire , cependant on peut aussi le mettre contre un mur ; mais alors on l'assujettit au moyen de deux forts crampons de fer scellés dans la muraille.

Quand on veut mouler un morceau de bois quelconque, on commence par le mettre au tour , à bois de travers , à moins que ce ne soit un morceau de loupe. Après l'avoir bien dressé en dessus et en dessous, et lui avoir donné l'épaisseur convenable, on fait , à l'une des faces , un ravalement d'environ trois lignes de profondeur , et susceptible de recevoir très-juste un galet de cuivre ; il doit rester au bois un rebord d'au moins trois lignes ; il est aussi nécessaire que la plaque, quand elle est dans le ravalement, affleure parfaitement les bords de la plaque de bois qui doit avoir cinq à six lignes d'épaisseur ; on sent que si la plaque était moins épaisse, la pièce , après avoir été pressée, se trouverait beaucoup trop mince. Le creux qu'on veut copier, et qui est ordinairement en cuivre, doit entrer, ainsi que la plaque de bois, très-juste dans le moule.

On met les plaques de fer au feu, et pendant qu'elles chauffent, on met d'abord dans l'anneau la matrice ou le creux du sujet qu'on veut mouler; il est facile de sentir que les figures doivent être en dedans; on place par-dessus, la pièce de bois, de manière que la partie lisse, c'est-à-dire celle qui doit être moulée, se trouve en dessous; on met ensuite les deux plaques de cuivre, l'une dans son ravalement, et l'autre par-dessus le tout; cette dernière doit aussi entrer très-juste dans l'anneau. Il est nécessaire que toutes ces pièces entrent très-juste jusqu'au fond, on les fait entrer par le côté qu'on a dû tenir un peu plus large que l'autre.

Quand les plaques sont assez chaudes, ce qui se connaît lorsqu'on voit grésiller vivement des gouttes d'eau qu'on aura jetées dessus, on les retire du feu, on en place une sur le patin de la presse, et par-dessus, on met le moule en l'état où je viens de le dépeindre, par-dessus ce moule, on place le galet de cuivre dont le diamètre est le même que celui du moule à l'extérieur, mais dont la longueur doit excéder suffisamment pour qu'il puisse entrer dans le moule, à mesure que l'épaisseur du bois diminue par la pression; par-dessus le tout on met la seconde plaque, et par-dessus cette plaque, le tasseau. On s'assure si ce tasseau est bien au centre sur deux faces, et on fait faire quelques tours à la vis avec le tourne-à-gauche, ensuite on serre fortement avec la grande clé; on emploie pour serrer, deux ou trois hommes robustes. Pendant toutes ces opérations, les

deux plaques qui sont en dessus et en dessous
communiquent de la chaleur à toutes les autres
pièces. Quand on s'aperçoit que la vis ne veut
plus tourner, on s'arrête, et quelques minutes
après, on desserre la vis d'un quart de tour;
on ne prend que le temps de respirer, et on resserre de nouveau la vis jusqu'à ce qu'elle re-
fuse de tourner. Laissant alors la presse dans
l'état où elle est, on l'ôte de dessus l'établi, et
on la plonge dans l'eau; aussitôt qu'elle est
refroidie, on la replace sur l'établi, on ôte le
tasseau, la plaque de dessus, le bouchon, la
plaque de dessous et le noyau. On met l'anneau
sur la pièce à dévêtir, dans un sens opposé à
celui où il était auparavant, on place par-dessus le bouchon, puis le tasseau, on fait presser légèrement la vis avec le tourne-à-gauche,
et toutes les pièces sortent de l'anneau. Les figures se trouvent presque toujours parfaitement
empreintes sur le bois.

Il faut avoir grand soin de ne pas faire rougir
les plaques de fer, et même de ne pas les faire
trop chauffer, car elles noirciraient le bois en
le décomposant, et nuiraient ainsi à la finesse
des traits.

Cependant, quelques précautions qu'on
puisse prendre, on ne peut empêcher la chaleur de donner aux pièces moulées une teinte
plus ou moins rembrunie que l'air affaiblit un
peu, mais qu'il ne fait jamais entièrement disparaître.

La partie d'une tabatière qu'on moule, c'est
ordinairement le couvercle, et cette partie
moulée, contracte toujours, comme je viens de
le dire, une couleur rembrunie : on conçoit facilement que, si à ce couvercle on joignait une
cuvette dont le bois fût de couleur naturelle,

il en résulterait une bigarrure désagréable à la vue, et qui diminuerait la valeur de la pièce ; pour remédier à cet inconvénient, on moule la cuvette comme on a moulé le couvercle. La seule différence qu'il y a entre ces deux opérations, c'est qu'au lieu d'une matrice gravée, on met au fond de l'anneau un galet tout uni, bien rond et entrant très-juste dans le fond de l'anneau. Avant de mouler la cuvette, on la creuse sur le tour, on l'arrondit et on aplanit bien exactement à l'extérieur les côtés et le fond.

On peut aussi mouler des sujets en relief sur le fond extérieur de la boîte ; pour cela, il suffit de mettre une matrice sous le fond de la cuvette et d'opérer comme pour le couvercle.

Quelquefois, au lieu des galons ou des cercles d'écaille, on aime à former sur l'angle supérieur du couvercle et sur l'angle inférieur de la cuvette, de petites moulures prises dans l'intérieur du bois ; alors on place sur le tour en l'air, et la matrice et le galet, et l'on pratique ces moulures sur la circonférence de l'un et de l'autre. Si l'on veut obtenir des traits en relief, ces traits doivent être formés dans l'intérieur de la matrice ; dans le cas contraire, ils doivent être saillans sur cette même matrice.

Quand une pièce est moulée, il n'est plus possible de la remettre sur le tour pour la polir, par conséquent elle doit sortir du moule toute polie. Pour obtenir ce résultat, deux choses sont nécessaires ; la première, que la pièce ait été bien disposée avant d'être mise sous la presse, et la seconde, que la matrice et l'intérieur de l'anneau soient polis avec le plus grand soin. Pour creuser l'intérieur d'un couvercle de boîte, y ajouter des cercles, y coller une batte d'écaille, on place ce couvercle au mandrin, et on fait en sorte de ne pas entamer le bois avec l'outil, et de n'altérer la couleur en aucune manière.

En essayant de polir les pièces moulées, avec quelque matière que ce soit, on altérerait nécessairement la couleur rembrunie qui est la suite du moulage; on doit donc se garder de tenter ce moyen. Cependant, quand le relief ne présente pas des traits trop fins, on peut donner à la boîte une légère couche de vernis.

On ne peut douter que la beauté des reliefs dépende en grande partie de celle du moule ; bien pénétrés de cette vérité, les amateurs ne négligeront rien pour se procurer des matrices aussi parfaites qu'il est possible de les avoir.

SECTION II.

Moulage de la corne.

En parlant de la corne, j'ai déjà dit que c'était une substance qui s'amollissait très-facilement, qu'on réduisait en bouillie quand elle était rapée, et qui, par conséquent, était susceptible de recevoir toutes les formes qu'on voulait lui donner. On fait avec la corne des peignes, des lames transparentes, des tabatières de peu de valeur, des écritoires, des bonbonnières, etc., etc. On peut l'amollir en se servant des mêmes procédés que pour le bois, c'est-à-dire au moyen de plaques de fer chauffées au feu; mais la meilleure méthode est de la mettre dans l'eau bouillante : au reste, tous les ustensiles qui servent à mouler le bois, peuvent aussi être employés pour mouler la corne.

Quand on veut amollir de la corne pour la

mouler, on commence par en scier un morceau
en travers, assez long pour qu'on puisse y trouver, après l'avoir déployé, une plaque dont la
grandeur doit être proportionnée à l'objet qu'on
veut confectionner. On pince ce morceau de
corne dans un étau, et on le scie en suivant sa
longueur sur le côté qui est le plus mince. On
le jette ensuite dans l'eau bouillante, et on l'y
laisse environ une demi-heure, ou plus, s'il est
nécessaire; parfois on est obligé de le retremper
de nouveau avant de pouvoir lui faire prendre
une forme plane. Quand il est bien dressé, on le
met entre deux planches d'un pouce d'épaisseur
et on l'assujettit sous la presse. On plonge alors
dans l'eau bouillante, la presse et la corne, on
donne quelques bouillons, on retire la presse et
on laisse refroidir la corne toujours serrée entre
les planches.

Cette plaque peut servir à faire une tabatière
ou une contre-épreuve de médaille.

Pour faire une boîte, on coupe avec une scie
fine, deux plaques dont l'une doit servir à faire
la cuvette et l'autre le couvercle. Celle destinée
à faire la cuvette, sera nécessairement plus large
que l'autre. On trace avec un compas, sur la
plaque la plus large, un cercle qui doit avoir deux
pouces de diamètre de plus que le moule; et sur
la plaque la plus étroite, on trace aussi un cercle
dont le diamètre a également huit à dix lignes de
plus. Cet excédant est nécessaire pour former la
hauteur des bords, car le fond, les bords et la
gorge d'une boîte de corne moulée, se font en
même temps et par l'effet de la même pression.
On arrondit les deux plaques avec soin, en suivant les traits formés avec le compas, et l'on gratte
ou l'on nettoie les deux surfaces avec la râpe ou
l'écouène; la surface intérieure de la corne

étant toujours sale et grasse, demande un soin plus particulier.

La cuvette et le couvercle de la boîte, recevant par le moulage la forme qu'elles doivent avoir, tant à l'intérieur qu'à l'extérieur, on a besoin pour cet effet d'un nouveau moule qu'on nomme noyau, et qui est fait d'une pièce de cuivre coulée en plein. On donne d'abord sur le tour, à cette pièce de cuivre, la forme d'un cylindre dont la partie supérieure est plus grosse que la partie inférieure. La partie inférieure est d'une hauteur égale à la profondeur du moule, mais son diamètre doit avoir environ deux lignes de moins que le diamètre intérieur de ce même moule. La partie supérieure, c'est-à-dire celle qui est la plus grosse, excède la profondeur du moule de cinq à six lignes, et son diamètre doit être égal au diamètre extérieur du moule; il est essentiel que le cylindre soit parfaitement dressé dans ses deux parties, et d'un diamètre très-exact; cependant le bout de la partie inférieure peut être un peu plus mince que le haut, mais de manière que la différence soit presque insensible. Ce bout formant le fond de la boîte doit être à vives arêtes et d'une surface extrêmement plane.

Indépendamment du noyau, on a besoin de plusieurs viroles en cuivre, de différentes épaisseurs, et tournées bien rondes sur toutes les faces; elles doivent entrer avec la plus grande justesse sur le cylindre inférieur du noyau, et, pour cela, on les tourne sur le cylindre même; on ne leur donne guère moins d'une ligne et plus de trois d'épaisseur, il faut en avoir au moins deux pour chaque noyau; elles servent avec des galets, à faire la profondeur qu'on veut donner aux boîtes.

Quand on a tout disposé pour commencer le moulage, on place la presse sur l'établi, et on met sur le patin une plaque de fer bien dressée et très-unie ; par-dessus on met le moule, et sur le moule la plaque de corne qu'on veut mouler. On aura soin de la placer de manière qu'elle déborde bien également tout autour du moule ; par-dessus la plaque, on met le tampon qui, devant entrer avec la corne dans le moule, est plus petit d'environ sept à huit lignes ; quand tout est ainsi disposé, on serre un peu la vis avec le petit tourne-à-gauche, pour contenir toutes ces pièces, et on met la presse dans l'eau bouillante pendant environ une demi-heure ; on la retire ensuite, on la replace sur l'établi, et l'on serre assez fortement ; quand on s'aperçoit que la corne entre dans le moule, on s'arrête et on plonge de nouveau la presse dans l'eau bouillante ; on la retire quelques instans après, on la replace sur l'établi, et on donne une nouvelle serre qui fait entrer la corne dans le moule un peu plus avant ; deux serres suffisent ordinairement, surtout pour le couvercle ; on peut, si le cas l'exige, en donner jusqu'à trois pour la cuvette, mais on doit toujours avoir soin de ne pas faire entrer la corne dans le moule en totalité ; après la dernière serre, on fera refroidir la presse en la trempant dans l'eau froide, ou bien en la laissant à l'air, et quand la corne aura repris sa fermeté, on la retirera du moule. Il est facile de voir que, sans toutes ces précautions, le noyau romprait infailliblement la corne, surtout si on voulait former la pièce dès le premier coup.

On met ordinairement deux viroles pour le couvercle, une suffit pour la cuvette ; quand on veut conserver la cuvette un peu haute, on n'en met pas du tout. Sur un galet placé au fond du moule, on met la pièce de corne, ensuite le noyau, puis par-dessus un autre galet, et enfin le tasseau ; le dernier galet doit avoir un diamètre tel qu'il puisse au besoin entrer un peu dans le moule. Les choses ainsi disposées on serre un peu fortement la vis de la presse, et on met le tout dans l'eau bouillante pendant une demi-heure ; au bout de ce temps-là, on retire la presse, on la remet sur l'établi, et on donne une serre assez forte pour que la corne prenne la forme du moule ; on laisse le tout en cet état pendant quelques minutes ; si l'on éprouvait une résistance un peu forte, ce qui prouverait que la corne n'est pas assez molle, on mettrait de nouveau la presse dans de l'eau bouillante, on donnerait une dernière serre, et on laisserait le tout refroidir ; si la boîte est bien moulée, elle doit remplir exactement l'intervalle qui existe entre le galet et le noyau.

Quelquefois la plaque n'est pas assez épaisse et le fond de la boîte se trouve trop mince ; pour remédier à cet inconvénient, on fait une plaque de corne d'une épaisseur convenable, on l'arrondit de manière à ce qu'elle puisse entrer juste dans le moule, et on gratte la surface qui doit se trouver en dessus, on met cette plaque dans le fond du moule, on place dessus le fond de la cuvette qu'on a également gratté, on introduit le noyau dans la cuvette, on met le tasseau par-dessus, et on serre le tout ; après cela on plonge la presse dans l'eau bouillante où elle reste une demi-heure, on la retire ensuite, on donne une forte serre, et les deux pièces se soudent parfaitement bien. L'opération est la même pour le couvercle, mais on met deux viroles au noyau.

On peut mouler en plusieurs morceaux, un couvercle ou une cuvette : il suffit pour cela de joindre ces morceaux par deux biseaux alongés qu'on place l'un sur l'autre, et de ne plus toucher ces biseaux avec les mains quand on les a râpés. Ensuite les procédés sont les mêmes que ceux que je viens de décrire. Comme on voit toujours les jointures, même sans regarder au travers de la pièce soudée, on ne peut guère faire une boîte de morceaux avec la corne blonde.

SECTION III.

Moulage en creux.

Le moulage de la corne a l'avantage de procurer un moyen facile pour multiplier les médailles intéressantes dont les originaux sont rares. On nomme cette manière de mouler, moulage en creux. On place sur la plaque qui supporte le moule, ou sur un galet enfoncé dans le moule, la médaille dont on veut avoir l'empreinte, ayant soin de mettre en haut la surface gravée ou en relief; par-dessus la médaille, on place une plaque de corne aussi épaisse qu'on peut se la procurer, et dans le cas où une seule plaque serait trop mince, on pourrait en mettre deux qui se souderaient parfaitement au moyen de la pression, surtout si on avait soin de les gratter, et de mettre l'une sur l'autre les deux surfaces grattées, sans y toucher avec les mains. La plaque ou les plaques de corne doivent être très-rondes et entrer juste dans le moule; par-dessus on met d'abord un galet du même diamètre, ensuite le noyau et enfin le tasseau. On serre la vis avec le tourne-à-gauche, et on plonge

2.

4

la presse dans l'eau bouillante. Une demi-heure
après, on la retire, on la met sur l'établi et on
donne une forte presse; il faut mettre à cette
opération toute la promptitude possible. Quand
la corne est froide, on la fait sortir du moule
avec la pièce à dévêtir, et on a un modèle en
creux de la médaille. Parfois on est obligé de
tremper deux fois la presse dans l'eau bouillante
et de donner une seconde serre. C'est à l'ouvrier
ou à l'amateur à juger s'il est nécessaire ou non
de répéter l'opération.

Après avoir obtenu cette matrice en creux, il
est facile d'avoir des figures en relief. On enduit
la matrice d'un corps gras, mais particulièrement de savon, on entoure le modèle d'une petite bande de papier double, ou de carton, qui
doit déborder de quelques lignes, et on coule
dans ce petit encadrement, du plâtre bien fin,
passé au tamis, qu'on a délayé un peu clair avec
de l'eau; avant de couler le plâtre, il faut essuyer
la matrice, afin qu'il ne reste aucun corps étranger, et que l'épreuve sorte parfaitement blanche
et bien pure.

Quand on a des modèles en creux gravés sur
le fer, l'acier, le cuivre ou toute autre matière
dure, on en obtient des reliefs en corne qui sont
plus solides et plus durables que ceux en plâtre;
il ne s'agit pour cela que de placer les modèles
dans le fond du moule, la gravure en dessus;
l'opération est, quant au reste, absolument
la même que pour le moulage des couvercles de
boîtes.

Quand on veut avoir une moulerie, il faut,
autant qu'il est possible, la placer dans un lieu
qui lui soit uniquement destiné, et construire
à la portée de l'établi, un fourneau sur lequel
est placée une chaudière en cuivre rouge, de

grandeur suffisante pour contenir aisément la presse.

Moulage de l'écaille.

J'ai déjà donné ailleurs la description de l'écaille, la manière de la préparer et la méthode qu'on doit suivre pour la souder. J'ajouterai que les écailles de la tortue ne sont pas d'une épaisseur égale dans toutes leurs dimensions; les feuilles plus épaisses à la partie qui touche l'animal, vont toujours en diminuant jusque sur les bords. Aussi quand on n'a pas des feuilles d'écaille assez épaisses pour faire la cuvette ou le couvercle d'une tabatière, on forme deux plaques rondes de la même grandeur, et on a soin, pour que la pièce soit égale, de placer dans le moule les deux feuilles de manière à ce que la partie mince de l'une se trouve exactement sur la partie épaisse de l'autre.

Au reste, tout le monde sait que le moulage de l'écaille est une branche très-étendue de notre industrie, et qu'on fait avec la maison de la tortue des ouvrages aussi agréables que précieux. On profite même de la facilité avec laquelle l'écaille s'amollit pour la combiner avec d'autres matières, et lui donner l'aspect du marbre, du granit, du lapis-lazuli, etc.

On fait avec l'écaille, des boîtes de plusieurs espèces; les plus belles sont celles qu'on appelle *de feuilles*. On nomme tabatières de morceaux celles qui sont faites avec le débitage des premières. On distingue ensuite les boîtes de très-petits morceaux, et les boîtes de drogues.

On amollit l'écaille soit avec un fer chaud,

soit avec de l'eau bouillante ; cette dernière méthode est préférable, parce qu'elle conserve à l'écaille sa souplesse et son élasticité, tandis que la première, c'est-à-dire le fer, la dessèche et la rend cassante.

Tabatières de feuilles.

Quand on a dressé les feuilles d'écaille comme je l'ai déjà dit, on trace dessus deux cercles, dont l'un doit former la cuvette et l'autre le couvercle. Il ne faut pas perdre de vue que les deux parties qui composent une tabatière sont formées par le même morceau qui se replie à l'équerre, et que par conséquent on doit donner aux cercles une hauteur et une largeur proportionnées au diamètre de la boîte qu'on veut mouler. Pour faire une belle tabatière de feuilles, on choisit les parties les plus belles de l'écaille, c'est à-dire celles qui sont exemptes de galle, de moisissure, etc. On moule, quant au reste, les tabatières d'écaille, absolument de la même manière que les tabatières de corne.

Quand au sortir du moule, la cuvette et le couvercle d'une tabatière sont d'une épaisseur égale sur toute leur hauteur, et quand le noyau est entré bien exactement dans le moule, la tabatière doit être parfaitement ronde ; alors pour la finir, on n'a plus qu'à enlever les bavures, à former la gorge et à donner un léger poli; pour cet effet, on remet les pièces sur le tour.

Quelquefois il arrive que la cuvette se trouve un peu trop haute, et qu'il est nécessaire de la baisser ; dans ce cas, pour éviter la perte de l'écaille, on enlève l'excédant avec un grain d'orge bien mince, et on fait un cercle qui peut servir à garnir une autre tabatière. Cette observation, que j'ai trouvée dans quelques auteurs, est à peu près inutile. Il ne doit se trouver dans le moule, que l'écaille nécessaire pour former la boîte, car s'il y en avait trop, ce trop causerait, par le refoulement, des gerçures qu'on ne fait jamais disparaître bien parfaitement.

SECTION VI.

Tabatières de morceaux.

Les tabatières de morceaux se font avec des feuilles dans lesquelles on a pris les cercles destinés pour les tabatières de première qualité. Voici comment on dispose ces restes; on les coupe de manière à ce qu'ils puissent s'ajuster les uns contre les autres. On amincit en biseaux avec de bonnes râpes les parties qui doivent être soudées. Pour préparer ces morceaux sans y toucher avec les doigts, on pratique sur un établi un étau horizontal formé d'une mâchoire de bois et d'une mâchoire de fer, et pour prendre et ôter les morceaux, on se sert de petites bruxelles de bois. Au moyen de l'étau, on peut saisir horizontalement tous les morceaux et les retourner en tous sens.

Quand tous les biseaux ont été faits et grattés, on place tous les morceaux les uns près des autres, biseaux sur biseaux, dans un moule disposé à cet effet, et qui doit être assez grand pour contenir deux plaques, dont l'une puisse former la cuvette et l'autre le couvercle de la tabatière; on met ensuite deux galets, l'un

par-dessous et l'autre par-dessus, on serre la
vis de la presse suffisamment pour contenir
les morceaux, et on plonge le tout dans l'eau
bouillante. Un quart d'heure environ après,
on retire la presse, on serre fortement, et presque toujours les morceaux se trouvent parfaitement soudés. Les boîtes de cette espèce se
moulent comme les autres. On ne doit pas
oublier de placer des tringlettes en fer de la
même épaisseur que celle qu'on veut donner à
l'écaille.

Tabatières de très-petits morceaux.

Pour faire une tabatière de ce genre, on ramasse toutes les rognures, tous les morceaux
trop petits pour être employés plus avantageusement, on nettoie avec une scie à débiter ceux
où il se trouve une espèce de galle ou chanci.
On saisit dans l'étau quelques-uns de ces petits
morceaux, et on en fait de la poudre avec une
lime, on gratte avec soin tous les autres pour
qu'ils puissent se souder. Enfin, on met un
galet au fond d'un moule, on place dessus une
plaque d'écaille très-mince et on la couvre de
petits morceaux; pour remplir les intervalles
on se sert de la poudre dont je viens de parler; on forme la boîte avec des morceaux rapportés tout autour du noyau, mais ces morceaux doivent être d'une écaille de bonne
qualité. Quand tout est ainsi disposé, on serre
la presse un peu fortement et on la met pendant un quart d'heure dans l'eau bouillante,
on donne ensuite une forte serre qui suffit pour

amalgamer tous les morceaux et former la tabatière.

SECTION VIII.

Tabatières de drogues.

Les tabatières de drogues se font avec tous les débris des autres, ou, pour mieux dire, avec tout ce qui ne peut être employé autrement. On ramasse donc tous ces débris, on en remplit un moule au fond duquel on a placé un galet, on remet un second galet par-dessus, et on serre la presse; on la met pendant un quart d'heure dans l'eau bouillante, et ensuite on donne une forte presse, et l'on forme ainsi des galettes d'où l'on tire seulement le fond, ou, si je puis m'exprimer ainsi, le canevas des cuvettes et des couvercles.

On forme ensuite de la même manière, de nouvelles galettes avec de petits morceaux des rognures et des tournures de bonne écaille; quand ces galettes sont faites, on les saisit dans un étau, et on en fait de la poudre avec une lime dure; on passe cette poudre au tamis, ne devant employer que la partie la plus fine.

Quand on a moulé avec les premières galettes, la cuvette et le couvercle des boîtes, on les met au tour sur un mandrin, et on enlève au-dessous de la cuvette et au-dessus du couvercle environ la moitié de leur épaisseur; seulement on réserve sur les côtés un cercle d'environ une ligne et demie. Ces cercles auxquels on n'a pas touché, conservant toute leur grandeur, servent à remettre exactement dans le moule, quand on veut la terminer, la boîte qui, sans cela, pourrait être placée plus d'un côté que d'un autre, et n'être pas ronde.

Avant de remettre la boîte dans le moule, on met au fond du même moule, un galet de cuivre qu'on couvre d'environ un demi-pouce de poudre d'écaille: on place dessus la cuvette, on fait entrer dedans le noyau, et on presse un peu fortement, en ayant soin que la cuvette soit bien au milieu du moule; on remplit ensuite, aussi avec de la poudre d'écaille, les vides qui se trouvent tout autour du corps de la cuvette, on presse cette poudre sans rien déranger, on met après cela le moule sous la presse, et on serre jusqu'à ce que le cercle que j'ai dit avoir été réservé soit entré dans le moule. On plonge la presse et le moule dans l'eau bouillante, on les y laisse pendant un quart d'heure, on les retire ensuite, on donne une forte serre, on réitère trois fois cette opération, et on laisse refroidir le tout. Comme on a dû mêler avec la poudre d'écaille la couleur qu'on a voulu donner à la boîte, cette couleur s'amalgame avec l'écaille de manière à produire toujours l'effet désiré.

On a dû avoir soin, pendant ce travail, de ne pas toucher avec les doigts les parties de la boîte sur lesquelles la soudure doit s'opérer, car je ne saurais trop le répéter, l'empreinte du plus léger corps gras suffit pour empêcher l'opération.

Quand la cuvette est refroidie, on la retire du moule et on la met sur le tour pour enlever le cercle avec un grain d'orge, et former la gorge. On opère à peu près de la même manière pour le couvercle, ayant soin de mettre au noyau les viroles convenables.

On doit donner au moule et au galet un poli très-vif, car les boîtes de cette espèce sortent du moule toutes polies. Cependant comme on y remarque toujours des inégalités qui seraient trop frappantes et diminueraient la valeur de l'objet, on représente sur ces boîtes en relief, différens sujets; quelquefois aussi on se contente d'y former des cercles concentriques bien espacés.

Je ne m'étendrai pas davantage sur cet article. J'observerai seulement, avant de terminer, qu'on doit mélanger très-soigneusement les couleurs avec la poudre d'écaille, car autrement il se formerait sur les boîtes des taches et des marbrures dont l'effet serait désagréable.

SECTION IX.

Moulage imitant le marbre.

On prend de belle écaille blonde, on ne la réduit point en poudre comme le prétendent quelques auteurs, mais en petits morceaux très-menus, et on la mêle avec des feuilles d'or ou d'argent hachées et un peu pulvérisées. On fait une cuvette ordinaire, on la réduit à moitié de son épaisseur, et on procède de la même manière que j'ai indiquée dans l'article précédent.

Cependant, comme la boîte n'aurait pas un assez beau poli, et qu'elle n'offrirait qu'une surface terne, on remédie à cet inconvénient par le moyen suivant : on met successivement sur le tour la cuvette et le couvercle, et on enlève sur toutes les parties une demi-ligne de leur épaisseur; on fait ensuite avec de belle écaille blonde des plaques et des cercles de grandeur convenable, on les gratte et on les unit bien sur la face qui doit être soudée, et on les fait entrer très-juste dans le moule; on met aussi dans le moule la cuvette avec son noyau, on la presse jusqu'à ce qu'elle ait pénétré jusqu'au fond, et on trempe le tout dans l'eau bouillante ; un quart d'heure après on retire la presse, on donne une bonne serre, et toutes les plaques se trouvent parfaitement soudées. Les feuilles d'or ou d'argent amalgamées avec la poudre produisent le plus bel effet possible, à travers l'écaille qui est transparente et bien unie.

Il est un moyen bien plus simple, et qui épargne en totalité ce second travail, c'est d'introduire les plaques et les cercles d'écaille dans le moule, avant d'y mettre l'écaille râpée et les feuilles d'or, et de faire l'opération d'un seul coup.

On imite à peu près de la même manière le granit, le lapis-lazuli, etc., il suffit de changer les couleurs et de les diversifier suivant l'effet qu'on veut produire.

Quand la poudre d'écaille est faite, on doit en extraire bien exactement les parties de fer ou d'acier qui sont laissées par la lime, car autrement il serait impossible de tourner les boîtes : on se sert pour cela d'un morceau de fer aimanté.

SECTION X.

Manière de souder les doublures d'écaille aux boîtes de loupes de buis ou autres bois.

On se contente assez communément de coller ces doublures avec de la colle forte ; mais cette méthode est vicieuse, car il arrive souvent que la boîte, s'élargissant un peu, force l'écaille à se décoller. Le même effet est produit quelquefois même par l'humidité du tabac. Ces doublures, soudées par le moyen que je vais indiquer, tiennent bien plus solidement.

Quand on a fait le fond et la batte de la tabatière aussi juste qu'il est possible, on les met à leur place; on introduit ensuite dans la boîte et dans le couvercle un noyau qui doit entrer avec un peu de force, et être un tant soit peu plus long que la boîte n'est haute antérieurement, afin qu'il puisse entrer un peu lors du refoulement; on met le tout dans un moule où la boîte entre aussi très-juste, et on place le moule sous la presse. Après avoir donné une petite serre, on plonge la presse dans l'eau bouillante, et on donne une seconde serre assez forte; par ce moyen la doublure s'amalgame en quelque sorte avec les pores du bois, et s'y attache d'une manière très-solide.

SECTION XI.

Manière de faire les plaques et les battes d'écaille pour doubler les tabatières de lompes ou d'autres bois.

Pour faire ces plaques et ces battes, on ne se sert ordinairement que de morceaux soudés ensemble, et ces morceaux sont ceux qui tombent quand on découpe l'écaille; on prend ces morceaux; on les gratte bien dessus et dessous, on les ébiselle avec soin, et on les met dans un moule un peu grand, afin qu'on puisse en tirer des plaques pour des tabatières de différentes grandeurs; on presse, comme il a déjà été dit plusieurs fois, ces morceaux pour les souder ensemble, et en même temps pour les réduire à l'épaisseur convenable, qui est d'environ une demi-ligne.

Quand ces plaques sont faites et qu'on veut les employer, on commence par prendre très-exactement le diamètre d'une boîte, on trace ensuite sur la plaque d'écaille un cercle de ce même diamètre, ayant soin de ne pas marquer au centre la pointe du compas, et pour y parvenir, avant de chercher ce centre, on colle avec un peu de cire sur l'écaille, un petit morceau de cuivre bien mince, et c'est sur ce morceau de cuivre qu'on applique la pointe du compas. Ce compas doit être à ressort, et avoir des pointes d'acier assez aiguës pour pouvoir couper l'écaille.

Pour les battes qui doivent être faites d'une seule pièce, on cherche un morceau d'écaille de largeur convenable, et assez long pour qu'après avoir fait le tour de la boîte, il lui reste par chaque bout environ quatre à cinq lignes. Cet excédent sert à former la soudure. J'ai dit ailleurs comment on soude l'écaille. Quand les deux bouts sont soudés, on trempe la batte dans de l'eau chaude, on la fait entrer un peu à force sur le mandrin cylindrique qu'on nomme triboulet, et on la laisse refroidir; quand elle est froide, elle se trouve parfaitement ronde; alors on la tourne en rond, on marque la mesure qu'elle doit avoir, et on enlève le superflu avec un grain d'orge.

J'ai déjà donné la véritable manière de souder ces battes. Je répéterai encore ici que pour former les plaques et les réduire à l'épaisseur requise, la meilleure méthode est de se servir de plaques de cuivre.

Presque tous ceux qui ont écrit sur l'art du tourneur, recommandent, quand on tourne de l'écaille soudée, de ménager l'endroit où est la soudure; cette précaution est inutile, car quand la soudure est bien faite, les biseaux sont telle-

ment amalgamés l'un avec l'autre, qu'on les cas-
serait plutôt que de les séparer.

SECTION XII.

Manière de souder l'écaille.

Quand on veut souder une bande d'écaille,
on lui donne un peu plus de longueur qu'elle
n'en a besoin, et cette longueur doit être suffisante pour qu'on puisse former à chacune des
extrémités, un biseau de six ou huit lignes, l'un
en dessus et l'autre en dessous; on se sert pour
cet effet d'une lime neuve et un peu rude; on
prend ensuite une ratisse et on racle l'écaille sur
les biseaux, jusqu'à ce qu'on ait enlevé les traits
de la lime, et que l'écaille soit parfaitement unie.
On doit bien se garder de porter les doigts sur
les biseaux, car il n'en faudrait pas davantage
pour empêcher l'écaille de se souder. On plonge
ensuite la bande dans de l'eau bouillante bien
propre, et on la laisse en cet état jusqu'à ce
quelle soit bien amollie. On la retire ensuite, on
réunit les deux biseaux l'un en dessus, l'autre
en dessous; on maintient ces biseaux en les pres-
sant entre le pouce et l'index, et on trempe la
bande dans l'eau froide, ou bien on la tient jusqu'à ce qu'elle soit refroidie.

Pendant que l'écaille reprend sa consistance
naturelle, on fait chauffer des pinces à souder
dont la forme est à peu près la même que celle
d'un fer à papillotes, excepté qu'elles sont plus
longues et plus larges. Ces pinces qui sont
dressées à la lime, afin que les deux parties se
joignent exactement, doivent être assez épaisses
pour pouvoir conserver la chaleur quelque temps;

2. 5

pendant que ces pinces chauffent, on prend un morceau de toile propre, qui ne soit pas trop usée, on en fait une bande en quatre doubles, de longueur et de largeur suffisantes, et on plie avec, le biseau de la bande d'écaille, en faisant deux ou trois tours. Il en est qui se contentent de plier la bande de toile en deux sur la longueur, et de placer les biseaux réunis dans ce pli; il en est aussi qui trempent dans l'eau chaude les biseaux après les avoir pliés, ce qui est une très-bonne méthode. Dans tous les cas, il faut bien s'assurer s'il n'existe pas sur les biseaux, quelques corps gras qui empêcheraient la soudure. On est assez dans l'usage de gratter même les biseaux afin de les rendre plus vifs. Quand toutes ces précautions sont prises, on s'assure si le fer à souder n'est pas trop chaud, ce qui se connaît au moyen d'un morceau de papier pressé; quand ce papier ne conserve qu'une empreinte un peu jaune, on peut se servir du fer. Alors on pince en travers les biseaux, et pour que la pression soit plus forte et plus égale, on serre le fer lui-même dans un étau. Presque toujours la soudure se trouve faite après cette première opération; mais dans le cas où elle aurait été manquée, ou bien qu'elle ne serait faite qu'imparfaitement, on fait chauffer le fer de nouveau, et on pince le cercle jusqu'à ce qu'il soit parfaitement soudé.

Ces méthodes que l'on suit communément, sont entièrement vicieuses, car suivant la première, la forme du fer doit rester empreinte sur l'écaille, et dans la seconde, on doit y remarquer les traces du morceau de linge. Voilà donc l'unique manière d'éviter ces inconvéniens : quand les biseaux du cercle qu'on veut souder sont faits, raclés et bien unis, on les pose l'un sur l'autre, ensuite on prend deux petites planchettes minces de hêtre, seul bois dont on puisse se servir, et on en place une en dedans du cercle, et l'autre au-dessus, de manière à ce que les biseaux du cercle se trouvent bien au milieu et pressés également par les planchettes. On prend ensuite le fer à souder qui doit être chaud, et on pince les deux planchettes; la chaleur du fer se communiquant bientôt à ces planchettes, les échauffe suffisamment pour opérer la soudure, sans qu'il reste aucune trace ni du fer, ni du bois.

Quand la soudure est bien prise, on fait amollir le cercle d'écaille dans de l'eau bouillante, et on le met sur le triboulet ou boujaron, qui est une espèce de cylindre en bois, fait en forme de cône alongé, et qu'on a placé sur le tour en l'air. On doit faire en sorte que le cercle tourne bien rond sur lui-même, car autrement, il serait gauche en sortant de dessus le triboulet. Il faut aussi apporter beaucoup d'attention à la manière de le mandriner, et faire en sorte que l'outil n'accroche pas la soudure en tournant, mais qu'il glisse sur le biseau.

Quand on voudra souder deux ou plusieurs morceaux d'écaille, pour en faire une planche ou une lame, on se servira avantageusement du procédé que j'ai indiqué, en parlant de la préparation de l'écaille, c'est-à-dire de deux plaques de cuivre. On devra, dans ce cas, mettre sur le bord des morceaux d'écaille, des lames de fer ou de cuivre coupées carrément, pour arrêter l'écaille, l'empêcher de s'étendre et de perdre une portion de son épaisseur.

SECTION XIII.

Moyen de resserrer la gorge d'une tabatière qui est trop lâche.

Rien n'est aussi facile que cette opération, il suffit de tremper la gorge dans l'eau bouillante, et au bout de quelques minutes, cette gorge sera suffisamment élargie; il faut bien se garder de la laisser trop long-temps dans l'eau, car on tomberait d'un excès dans un autre tout contraire.

SECTION XIV.

Manière de donner à un dé à coudre, d'ivoire, une ressemblance parfaite avec un dé d'é-caille.

L'écaille venant en feuilles, il est impossible d'en trouver un morceau assez épais pour en faire un dé à coudre, on ne pourrait y parvenir qu'au moyen de la soudure. Mais il s'agit d'avoir un dé d'une seule pièce et qui ait toutes les apparences de l'écaille.

On prend un dé d'ivoire, et on fait une espèce de moule sur lequel on le fait entrer le plus juste possible ; on retire après cela le dé, on le met dans un vase, et on verse dessus une quantité d'acide muriatique suffisante pour qu'il baigne en totalité; l'acide doit être mitigé avec de l'eau ; on laisse le dé dans cet acide jusqu'à ce que l'ivoire, entièrement dégagé du sulfate de chaux qui entre dans sa composition, ne présente plus que de la gélatine; on retire alors le

dé du vase, et on le met pendant quelque temps
dans une décoction de poudre de tan , c'est-à-
dire qu'on le tanne ; quand il est suffisamment
imprégné de tan, on le met sur le moule dont
j'ai parlé plus haut, afin qu'en séchant, il conserve bien exactement sa forme. On prend un
pinceau qu'on trempe successivement dans l'a-
cide nitrique, dans l'acide sulfurique et dans du
nitrate d'étain , et on forme sur le dé , des taches
de différentes couleurs , qui donnent à la gélatine des nuances imitant celles de l'écaille. Quand
le dé est sec et qu'il a été bien poli, il devient
transparent , et il est difficile de ne pas croire
qu'il est véritablement d'écaille.

Différens procédés relatifs à l'écaille , tirés du
Dictionnaire technologique des Arts et Métiers.

J'ai trouvé dans le *Dictionnaire technologique
des Arts et Métiers*, sur l'écaille, un article assez important : je vais en donner à peu près le
contenu.

Les naturalistes nomment *caparace,* la coque
ou la couverture de la tortue qui donne l'écaille.
La tortue qu'on appelle *caret,* comme je l'ai déjà
dit, est celle qui fournit la plus belle écaille.
On distingue dans l'écaille trois couleurs bien
prononcées, le blond, le brun et le noir clair;
parfois l'une de ces trois couleurs est dominante.

Avant de travailler l'écaille dont les feuilles,
comme je l'ai déjà dit , sont ordinairement bom-
bées sur leur surface, on redresse ces feuilles.
Pour cet effet, on les met tremper dans l'eau
bouillante , et quand elles sont amollies on les
place sous la presse, les unes sur les autres, en
les séparant par des plaques de fer ou de cuivre

de deux lignes d'épaisseur, qu'on a fait chauffer auparavant; on serre la presse petit à petit, et par ce moyen, non seulement les feuilles se redressent, mais elles sortent de dessous la presse après avoir acquis la même épaisseur. (J'ai donné la manière d'avoir des feuilles dans leur plus grande épaisseur.) Les auteurs du Dictionnaire technologique, pensent qu'il vaut beaucoup mieux redresser l'écaille à l'eau bouillante qu'au fer, et que le fer change même la couleur de l'écaille.

Manière de mouler l'écaille.

Je copie cet article en entier. Le moule, quelque forme qu'il ait, doit être composé de deux parties, comme les moules à fondre les cuillers d'étain. On doit avoir aussi une petite presse en fer qui puisse contenir le moule.

La feuille d'écaille étant préparée, on la met d'épaisseur, soit avec le grattoir, soit avec le rabot à dents, ensuite on la ramollit dans l'eau bouillante et l'on approche les deux parties du moule qu'on a fait chauffer auparavant, de manière que les quatre goujons ou repères commencent à entrer dans les trous. On place le moule sous la presse, et on fait appuyer seulement la vis jusqu'à ce qu'on éprouve une légère résistance: alors on met le tout dans l'eau bouillante, et l'on serre la vis petit à petit, jusqu'à ce que les deux parties du moule se touchent exactement. On retire aussitôt la presse de l'eau bouillante et on la fait refroidir. On fait tremper le moule dans l'eau fraîche pendant un quart d'heure, et on retire l'écaille qui, refroidie, conserve nécessairement sa forme.

Manière de souder l'écaille.

Les opérations préliminaires sont les mêmes que celles que j'ai données, seulement au lieu de linge, les auteurs du Dictionnaire indiquent du papier un peu fort, plié en trois ou quatre doubles, arrêté avec du fil ; ils recommandent de ne pas trop faire chauffer le fer, et de ne l'employer que quand il ne fait plus que roussir légèrement le papier.

Description d'un nouveau fer à souder l'écaille.

Ce qui m'a paru le plus important dans cet article, c'est un fer d'une nouvelle structure. Ce fer remédie parfaitement aux inconvéniens des anciens fers qui prenaient nécessairement sur une partie plus que sur une autre. Voici la description de ce fer qu'on peut voir (*Pl.* II, *fig.* 61); il a à peu près la forme d'un fer à papillotes, car il n'en diffère que par la forme des mors. La longueur des bras est proportionnelle à la longueur des soudures les plus grandes qu'on veuille faire ; la face supérieure du mors doit être toujours plane, et d'une seule pièce avec l'autre branche du même bras de levier qui porte le poucier. Le second levier est formé de deux pièces dont la dernière s'emmanche à charnière dans une fourche pratiquée au bout du bras, et joue librement sur la goupille, de sorte que, mettant les quatre doigts dans la poignée, et le pouce dans le poucier, lorsqu'on fait un mouvement pour fermer les mors, la surface du mors supérieur vient s'appliquer parfaitement sur la surface du mors inférieur. Il résulte, de

cette disposition, que, quelle que soit l'épaisseur de la pièce qu'on placera entre les deux
mors, elle sera pressée également par les deux
mors dans tous les points de leur surface; il s'ensuit même de cette disposition, que si la pièce
qu'on soumet à la pression était un peu en forme de cône, c'est-à-dire un peu plus épaisse par
un bout que par l'autre, elle n'en serait pas
moins pressée également partout.

Il faut avoir soin que la pièce mobile soit aussi
large et aussi épaisse que la partie du mors fixée,
afin que toutes les deux conservent la même chaleur, et ne se refroidissent pas plus vite l'une
que l'autre.

On soude aussi l'écaille avec l'eau bouillante;
mais, de quelque méthode qu'on se serve, il
faut faire en sorte que les morceaux qu'on soude
soient, à l'endroit où ils doivent être joints, de
la même couleur, et qu'ils aient les mêmes
nuances.

Manière de faire des tabatières d'écaille de petits morceaux ou d'écaille fondue.

On ramasse, comme je l'ai dit ailleurs, les débris d'écaille, les rognures, les tournures, les
râpures, etc., et c'est avec ces débris qu'on fait
des tabatières aussi transparentes que si elles
étaient de feuilles. Voici la méthode qui se
trouve dans le *Dictionnaire technologique des
Arts et Métiers.*

On a des moules de bronze, en deux pièces,
dont l'une entre dans l'autre comme les poids
de marc. La partie inférieure de ce moule est
fixée à un châssis en fer, qui porte une vis à sa
partie supérieure, et qui presse sur la partie su-

périeure du moule. On doit avoir deux moules de la même espèce, l'un pour la cuvette, et l'autre pour le couvercle des tabatières.

Dans le contre-moule du fond de la boîte, est pratiquée une rainure profonde, dans laquelle on place un cercle de belle écaille, qui doit servir à faire la gorge ; ce cercle est irrégulier dans sa partie qui est saillante hors de la rainure ; c'est par là qu'il se soude avec le restant de l'écaille et ne fait qu'une seule pièce avec elle.

On place, dans un fourneau fait exprès, une chaudière parallélogrammique, de grandeur convenable pour contenir un certain nombre de ces moules.

On s'assure par l'expérience, de la quantité de rognures nécessaires pour faire une boîte, ou chaque partie de la boîte.

On met dans chaque moule, autant de fragmens ou de râpures d'écaille qu'il en faut pour la boîte ; on pose sur le moule le contre-moule, et on serre la vis qui presse dessus.

Quand les moules sont ainsi disposés, on les range par ordre dans la chaudière dont l'eau doit être déjà très-chaude ; on augmente alors le feu, et quand l'eau bout, on serre autant qu'il est possible les vis qui pressent sur chacun des contre-moules : peu de temps après, on serre de nouveau les vis, et on continue de la même manière jusqu'à ce que le contre-moule ne s'élève plus au-dessus de la surface du moule : quand on a atteint ce point, on est assuré que l'écaille remplit tout le vide pratiqué entre les deux parties du moule.

Les choses étant dans cet état, on entretient toujours l'eau à son même point de chaleur. Il est bon d'observer que les têtes des vis doivent être constamment hors de l'eau ; car, autrement, on ne pourrait les tourner.

J'observe de plus, que les moules doivent être placés dans la chaudière de manière à ne pas remuer quand on serre les vis ; pour cela , on les serre fortement les uns contre les autres.

Lorsque tout est froid, on démonte les moules , et l'on en retire des fonds et des couvercles, portant sur la surface extérieure les dessins et les figures qu'on a gravés au fond du moule.

On met ensuite les pièces sur le tour pour les ajuster ensemble, les rendre propres intérieurement, les polir, et leur donner la dernière façon.

Quand on veut plaquer de l'écaille sur des ouvrages recherchés, tels que de petits ornemens d'ébénisterie, on ne l'applique pas immédiatement sur le bois; mais, après l'avoir dressée et mise d'épaisseur, on la double pour lui donner du fond, et pour que la colle et les nuances du bois ne paraissent pas au travers. Cette doublure n'est autre chose qu'une couche de noir, composé de noir de fumée et de rouge, délayés et broyés avec de la colle de poisson. On étend cette colle sur l'écaille du côté de la chair , et on la recouvre ensuite avec du papier qu'on applique immédiatement après la couleur. Cette couleur sert de mordant pour retenir le papier.

CHAPITRE XVI.

DES TOURS COMPOSÉS.

PLUSIEURS choses doivent épouvanter l'ama-

teur qui serait tenté de faire lui-même un tour
composé, mais particulièrement la multiplicité
des pièces qui le composent, la difficulté de les
fabriquer, et la longueur du temps que demande
un semblable travail. Je pourrais ajouter que
toutes ces pièces dont la plupart sont en acier
ou en cuivre, demandant la plus grande régularité et l'accord le plus parfait entre elles, on
courrait grand risque de ne pas réussir, et de
faire une dépense assez considérable qui deviendrait absolument inutile. Tous ceux qui ont vu
un tour composé, même celui qui l'est le moins,
avoueront qu'il entre dans sa composition, des
pièces qui ne peuvent être faites que par une
main très-exercée, et, par conséquent, par un
mécanicien habile. Je conseillerai donc à tous
ceux qui voudraient avoir un tour à guillocher,
à canneler, ou tout autre de même nature, de
l'acheter tout fait : je me bornerai à donner
quelques notions sur chacun de ces tours.

SECTION PREMIÈRE.

Du tour ovale.

Il existe deux tours de ce genre, l'un qu'on
nomme à l'anglaise et l'autre à la française. Le
premier, qu'on regarde comme étant de la plus
grande exactitude, tant dans ses proportions
que dans ses effets, n'est propre que pour les
petits objets, il serait impossible de tourner
sur l'ovale anglais une pièce dont le grand
axe aurait dix pouces de largeur. Il n'en est
pas de même de l'ovale français sur lequel on
peut tourner des pièces de toute grandeur, telles

que des cadres de tableaux, des panneaux de menuiserie, etc.

Le tour ovale a l'avantage de pouvoir suppléer à l'excentrique, et de produire le même effet.

On a trouvé le moyen d'adapter la mécanique du tour ovale au tour en l'air ordinaire ; il faut seulement que l'arbre soit percé, alésé, et tourné intérieurement.

On fait entrer dans le forage de l'arbre, la tringle et son canon que retient une fourchette derrière le tour. On monte sur le nez de l'arbre un plateau de cuivre, ayant à son centre un ravalement où sont contenues la règle d'acier et la coulisse, au moyen desquelles on donne de l'excentricité. Au-dessous de la coulisse, est un ravalement où sont logés deux coulisseaux, et c'est entre ces coulisseaux que glisse la pièce de cuivre qui mène le bouton placé au bout de la fourchette ; et pour que ces coulisseaux n'aient pas de jeu, ils sont maintenus par quatre vis. Quand la pièce est ajustée dans l'intérieur du plateau, on monte ce plateau qui, en tournant avec l'arbre, produit l'ovale, au moyen du mouvement alternatif d'alongement et de raccourcissement de la coulisse qui porte un nez pareil à celui du tour, une roue de division, puis le mandrin et la pièce à tourner.

J'ai cru faire plaisir en donnant cette petite description que j'ai puisée dans le Manuel de Bergeron.

SECTION II.

Machine excentrique.

Indépendamment de l'ovale à l'anglaise, on

peut aussi, dans une infinité de circonstances,
se servir pour excentrique, du mandrin à quatre
mâchoires dont on voit la forme *Pl.* II, *fig.* 18.
Les mâchoires de ce mandrin, pouvant à volonté se reculer et s'avancer, il est facile de
voir qu'on peut placer la pièce dans telle position qu'on voudra lui donner. Si, par exemple,
on veut faire un écrou ou un ravalement dans
une pièce qui n'est pas de forme circulaire, il
suffit de marquer le point où doit être le centre
du trou; on saisit ensuite la pièce entre les
quatre mâchoires, et par la direction qu'on
donne à ces mâchoires, on met, aussi exactement qu'il est possible, le point de centre au
centre de rotation.

SECTION III.

Machine à canneler les colonnes.

Cette machine, que je me contenterai d'indiquer, et qui est fort ingénieuse, avait toujours
eu un très-grand défaut, c'était de rendre les
cannelures aussi larges et aussi profondes par
le haut que par le bas de la colonne. M. Ha-
melin, dans sa dernière édition du Manuel de
Bergeron, assure que cette machine a été perfectionnée, et qu'elle produit maintenant tout
l'effet qu'on peut désirer. J'engage les amateurs
à la voir chez lui.

Peut-être pourrait-on canneler une colonne
sans avoir recours à cette machine. Il suffirait
de diviser la colonne, quand elle est tournée,
en autant de parties qu'on veut former de cannelures, de marquer aux deux extrémités deux
points correspondans, de tirer une ligne bien

2.   6

droite sur toute la longueur de la pièce, et de former la cannelure avec des rabots ayant des fers de forme convenable. Ce moyen, indiqué par M. Paulin Desormeaux, aurait ce me semble le même défaut que la machine dont j'ai parlé plus haut, c'est-à-dire de former une cannelure d'égale largeur et d'égale profondeur.

Du tour à guillocher.

La méthode de guillocher les tabatières, les boîtes de montres et autres bijoux, fut long-temps en vogue ; mais depuis un certain nombre d'années, et surtout depuis qu'on a découvert le moyen de mouler le bois, l'écaille, la corne, etc., on a totalement abandonné une machine aussi compliquée que dispendieuse.

Dans le principe, le tour sur lequel se tourne la pièce, était immobile ; mais depuis, on s'est imaginé de rendre le tour immobile, et d'imprimer le mouvement au support. Par cette dernière méthode, la machine est moins compliquée, et, par conséquent, d'un prix moins élevé. On peut donc diviser l'art de guillocher en deux parties : savoir, par le tour mobile, et par le support mobile.

On a remarqué que les empreintes marquées par le moyen du moule, étaient beaucoup plus régulières que celles faites avec le tour ; et comme d'un autre côté, le travail est moins coûteux, moins long, et moins pénible, le dernier procédé devait nécessairement faire abandonner le premier.

SECTION V.

Du tour à tourner carré.

Ce tour, encore plus compliqué que tous ceux dont j'ai parlé, est une invention très-ingénieuse; il présente le double avantage d'être propre à tourner des objets carrés, et en même temps à guillocher ces mêmes objets, au moyen de quelques pièces ajoutées. On a aussi inventé une machine qui n'a rien de commun avec le tour, mais qui produit absolument le même effet.

SECTION VI.

Du tour à portraits.

On ne peut se défendre d'un mouvement de surprise, en lisant qu'au moyen d'un tour, on rend non-seulement dans une proportion égale, mais encore dans une proportion plus grande ou plus petite, une médaille ou un portrait dont on possède une copie en relief. On obtient cependant ce résultat avec le tour dont il est ici question. Aussi, c'est celui dont l'invention a demandé le plus de calculs et de génie de la part de l'auteur. Le tour à portraits qui ne peut se trouver que dans l'atelier d'un homme riche, ou d'un amateur qui sacrifie tout au plaisir de posséder les objets les plus précieux pour l'art du tourneur; ce tour, dis-je, n'est plus en usage maintenant, parce qu'on fait au moyen du moulage, et par conséquent à bien moins de frais, tout ce qu'on exécutait avec le tour à portraits. J'ajoute même que les reliefs sont mieux exprimés, et beaucoup plus réguliers. Il existe si peu de tours à portraits, que je n'ai pu parvenir à en voir un à Paris. Si je m'en suis formé une idée, c'est en étudiant avec soin la description qui se trouve dans le Manuel de Bergeron, ainsi que la figure qui accompagne cette description.

La cheville ouvrière, la pièce principale pour tous les tours composés, c'est le support à chariot.

SECTION VII.

Tour de M. le comte Murinais.

Ce tour dont on peut voir la forme (*Pl.* II, *fig.* 13), est monté sur une barre de fer; les poupées et la pièce dans laquelle entre le support qui ressemble beaucoup à celui d'un horloger, glissent sur la barre, et s'y fixent avec des vis de pression. Les poupées ont cela de particulier, qu'étant brisées par le haut, et formant charnière, elles peuvent, par cette partie, se mouvoir à volonté, et, par conséquent, être approchées ou reculées de celui qui tourne, tandis que le pied de ces mêmes poupées reste immobile. La partie mobile se fixe au moyen de deux ressorts d'acier solidement attachés au bas des poupées. Pour donner plus de solidité aux poupées, elles sont traversées par un boulon de fer qui se serre derrière le tour avec un écrou à oreilles. L'arbre est creux, et taraudé par les deux bouts, ce qui donne la facilité d'y adapter des manchons, et de faire, par conséquent, des vis de toute espèce, soit à gauche, soit à droite. On peut aussi avec ce tour, dont les collets sont fort alongés, tourner des torses de tout genre, et faire tous les guillochis, quelque compliqués qu'ils soient.

Ce tour doit paraître d'autant plus intéressant, qu'il est assez simple, et qu'il n'offre pas, comme les autres, une complication de pièces dont le nombre est infini.

SECTION VIII.

Etau de M. le comte Murinais.

M. Murinais est encore inventeur d'un étau à pied et à écartement qui remédie à tous les inconvéniens qu'on avait vainement cherché depuis long-temps à éviter; car les mâchoires des autres étaux ne présentent la pièce, suivant sa grosseur, que par leurs parties supérieures ou inférieures. L'étau de M. Murinais s'ouvrant, au contraire, et se fermant perpendiculairement, il s'ensuit que les mâchoires saisissent la pièce à plat, et la pressent dans toute leur surface, ce qui fait que cette pièce est tenue bien plus solidement, qu'elle est moins exposée à être gâtée par la pression. (*Voyez* cet étau, *Pl.* II, *fig.* 20.)

Support à chariot.

Ce support, qui est fort ordinairement en fer et en cuivre, se compose d'un assez grand nombre de pièces.

La première est la semelle, qui doit être de cuivre moulé, et dont la forme se voit (*Pl.* III, *fig.* 34.) La chaise se fixe sur la semelle au moyen d'un boulon de fer ; cette pièce, qui se fait aussi en cuivre, peut se mouvoir de droite à gauche et de gauche à droite, suivant le besoin. Deux étriers de fer assemblés à doubles tenons au-dessus d'un châssis de fer qui doit être dressé avec le plus grand soin dans toutes les parties, servent à consolider la chaise. Ces étriers ont sur leur largeur, un enfourchement dans lequel entrent deux languettes pratiquées des deux côtés de la chaise, et ils sont retenus à la hauteur nécessaire par un boulon qui traverse la languette, et dont le bout taraudé reçoit un écrou. Un boulon taraudé, prenant dans un écrou pratiqué dans la chaise, fait hausser et baisser à volonté une plaque de fer, entrant à rainure dans les étriers, et sert à diriger le support, et à le fixer à la hauteur nécessaire pour placer l'outil dont on se sert. Un écrou de cuivre retient et assujettit le boulon dont une partie lisse, le collet, passe dans la plaque. Sur le châssis, glisse le chariot qui doit être en cuivre, et dressé en dessous le plus exactement possible. Pour que ce chariot soit solidement fixé, et ne ballotte pas, l'une des deux languettes, qui embrassent la règle, entre bien juste entre les deux règles de châssis. Une manivelle fait avancer et reculer le chariot, au moyen d'une vis cachée, entrant dans un écrou pratiqué dans la languette, et retenue à son collet dans l'épaisseur de la traverse.

Toutes ces pièces composent le support et le châssis. Le chariot, proprement dit, est très-compliqué.

Il se compose d'abord de la pièce de cuivre EE, qui, indépendamment de la languette, a une joue qui embrasse la branche E D; des coulisseaux K K, fixés par quatre vis qui entrent dans des trous de forme ovale, pressent la pièce F qui porte l'outil. Cet outil fait en fer, glissant à queue d'aronde entre les coulisseaux, a, en avant, un mouvement perpendiculaire à celui du chariot. Le porte-outil avance et recule au moyen d'un boulon, fixé à carré sur la tête d'une vis qui le mène. On fixe l'outil au point où il est mis, au moyen de deux vis pratiquées dans deux étriers de fer placés sur le porte-outil. La vis de rappel passe dans la languette de la pièce EE, ses collets sont, l'un dans l'épaisseur d'un des petits côtés du châssis, et l'autre dans l'épaisseur du second côté ; tous deux sont retenus et goupillés en dehors du châssis, et tous deux n'ont que la faculté de tourner; il s'ensuit que la vis appelle le chariot, et qu'en tournant la manivelle, on le fait avancer ou reculer.

L'outil avançant ou reculant, il est nécessaire de pouvoir le ramener au point où il était; pour y parvenir avec exactitude, on place sur le bout de la vis, qui est opposé à la manivelle, une aiguille correspondant à des divisions tracées sur une espèce de cadran fixé avec deux vis contre la face extérieure de la traverse ; pour remettre l'outil où il était, il suffit de ramener l'aiguille au même point de division ; quels que soient les tours qu'on ait fait faire à la manivelle, il faut toujours remettre l'aiguille au point d'où l'on est parti.

J'ai donné la description du support à chariot, parce que c'est la pièce la plus importante des tours composés, et même des tours simples. M. Chéron, tourneur distingué de la capitale, m'a répété souvent, qu'avec le support à chariot le tour n'offrait plus de difficultés qui ne pussent être vaincues. J'imagine bien qu'il se trouvera peu d'amateurs à qui il prenne fantaisie de construire un support à chariot, tel que je l'ai dépeint, mais au moins on ne me fera pas le reproche d'avoir négligé quelque chose qui intéresse l'art du tour.

Des lettres et des chiffres ont été omis sur la figure ; mais la description est donnée avec assez des détails pour que cette omission ne nuise pas à l'intelligence de la pièce elle-même (1).

« Le support à chariot est absolument nécessaire au tourneur mécanicien ; il est des cas pour lesquels la main de l'homme est insuffisante, et déjà, dans notre *Art du Tourneur*, nous avons donné le moyen de suppléer à sa faiblesse, par une forme particulière de la cale du support, et par le levier à griffes. Cette manière de donner de l'immobilité et de la force à l'outil n'est pas à dédaigner, et son extrême simplicité la rendra usuelle ; mais, nous devons le dire, elle ne peut entièrement remplacer le support à chariot, pour la force et la régularité.

---

(1) Quoi qu'il en soit, et comme il pourrait très-bien arriver que la description qu'on vient de donner ne parût pas très-claire à certaines personnes; comme le support à chariot est une pièce très-importante, et que le modèle *fig.* 34 est compliqué et n'est plus du tout employé, l'éditeur a cru rendre service au lecteur en extrayant du *Journal des Ateliers* (mois de juin et septembre), les descriptions de deux supports à chariot, d'une exécution plus aisée, d'un effet plus assuré, et beaucoup moins dispendieux.

« Les supports décrits dans le *Manuel du Tourneur* de Bergeron sont tellement compliqués, que les amateurs et les ouvriers ont toujours reculé devant les difficultés qu'ils présentaient, non pas seulement pour l'exécution, mais même pour leur parfaite intelligence ; aussi cet outil, indispensable dans un grand nombre d'opérations, est-il toujours cher, et ne se rencontre-t-il que rarement dans les petits ateliers où il rendrait tant de services. M. Séguier fils en ayant fait exécuter un sous ses yeux, dont les formes extrêmement simplifiées permettent une description claire et une exécution facile, s'est empressé de nous le donner en communication, afin que cet outil important fût, pour ainsi dire, popularisé par le moyen de notre journal.

« Quelle que soit cependant la simplicité de ce support, l'outil étant très-compliqué de sa nature, nous appelons toute l'attention de nos lecteurs sur notre démonstration.

« Comme les supports ordinaires, les supports à chariot doivent être combinés de manière à pouvoir être mus dans tous les sens. La semelle n'offre rien de particulier qui la distingue des supports ordinaires ; la chaise scale présente quelques différences ; mais nous ne devons point nous en occuper ; ce n'est point là que gît la difficulté, ce n'est point là le chariot proprement dit ; nous supposons tous les accessoires suffisamment connus. Le support que nous avons dessiné se placera dans la colonne creuse d'un support à l'anglaise, dans la chaise forée du support d'un tour à barre ; mais dans ce dernier cas il serait imprudent de se confier à l'unique pression de la vis : on fait une bride en capucine qui, prenant la tige *a*

du support en dessus et en dessous du barillet,
opère une pression plus énergique, plus égale,
et n'est point sujette à détériorer la forme parfaitement cylindrique de cette tige. Dans le cas
où cette tige *a* sera insérée dans la colonne creuse
d'un support à l'anglaise, instrument connu de
tout le monde, et que ceux qui possèdent l'*Art
du Tourneur* peuvent voir *Pl.* 13, *fig.* 5 (*Pl.* III,
fig. 40), cette colonne devra être fendue en quatre, et ce sera encore une bride du genre de
celle représentée *fig.* 20, *planche de mai*, qui
devra opérer la pression, sans que dans aucun
cas la vis de pression puisse toucher immédiatement à la tige; elle pourrait n'être point suffisante, et la sillonnerait bien certainement. Il
sera prudent, même en employant les précautions que nous venons d'indiquer, de faire cette
tige, ainsi que M. Séguier en a reconnu la nécessité, en acier, ou tout au moins de la tremper en paquet, surtout si l'instrument est destiné
à éprouver une grande fatigue. Ces considérations préparatoires exposées, nous passons à la
description du chariot.

« Les *fig.* 19, 20, 21, planche 4, le représentent dans son ensemble, vu sur divers sens:
fig. 19, parallèle à l'axe du tour; *fig.* 20, perpendiculaire à cet axe; *fig.* 21, vu dans la position de la *fig.* 19, mais en dessus, les mêmes
lettres indiquant les mêmes pièces. Les *fig.* 22,
23, 24, 25, 26, 27, 28, offrent, vues séparément, les diverses pièces mobiles qui entrent
dans la composition de ce support.

« Dans les *fig.* 19, 20, 21, les lettres *a a a a*
indiquent une pièce de fer ou d'acier, forgée,
affectant à peu près la forme d'un T; la tige *a*,
est arrondie, et l'on fera bien, ainsi que nous
l'avons dit, de la tremper en paquet; quant à la

tête *a*, elle doit être parfaitement dressée sur
le dessus, et percée à jour, ainsi qu'on peut le
voir dans les *fig.* 20 et 21, d'une entaille assez
large pour livrer passage à la vis de rappel *b* et
à l'écrou curseur *a'*, *fig.* 26. Cette entaille doit
être bien dressée sur ses longs côtés, et traverser toute l'épaisseur de la pièce, afin que
les copeaux ne puissent, en s'y amassant, gêner la marche du curseur. Vue en bout, cette
pièce *a* présente un trapèze dont le petit côté
est en dessous (voy. *fig.* 20): les côtés inclinés
doivent être bien dressés; ou a coutume d'a-
doucir les angles supérieurs. On choisira, pour
forger cette pièce, un morceau de fer ou d'a-
cier bien sain, et l'on fera bien de lui laisser
un peu de force à l'endroit de l'embranche-
ment de la tige, en se conformant à la forme
donnée *fig.* 19, visible encore dans le raccourci
de la *fig.* 20. Cette pièce se dresse à la lime et
à l'aide de la pierre à dresser. Quant à la tige,
elle doit être tournée bien rond, et exactement
cylindrique.

« La vis de rappel *b*, qui fait partie de cette
première pièce, doit être en acier, et filetée
d'un pas peu incliné et profond; la *fig.* 26 la
représente vue à part; elle s'engage par son
bout *b* dans un trou de calibre pratiqué au
bout de l'entaille de la pièce *a*, et elle forme le
rappel au moyen d'une embase réservée près
du carré. Cette embase est renfermée dans un
encastrement circulaire pratiqué moitié dans la
pièce principale *a*, et moitié dans la pièce de
recouvrement *b"*, qui est fixée par deux vis
fraisées, visibles dans la *fig.* 20, dans laquelle
cette pièce *b"*, ainsi que la vis *b*, sont vues en
bout. La *fig.* 26 fera comprendre comment cette
vis *b* fait le rappel; quant au curseur *a'* de cette

même figure, il doit être ajusté de manière à entrer à pression sentie dans l'entaille à jour pratiquée à travers la pièce principale *a*; le tourillon *b*' qui en fait partie doit saillir en dessus de toute sa hauteur; on ne l'a point représenté *fig.* 26 dans la position qu'il doit avoir en définitive, parce que vu en dessous il n'aurait offert qu'un rond sans saillie. Nous dirons dans l'instant quelles seront les fonctions de ce tourillon; mais déjà l'on doit concevoir qu'il avancera à droite ou à gauche avec le curseur *a*' dont il fait partie, selon qu'on tournera à droite ou à gauche la vis de rappel *b*, et que le mouvement de parallélisme à l'axe du tour sera réglé par cette première disposition.

« La seconde partie du support, s'il nous est permis de le diviser par portions, se compose, 1° de la pièce en cuivre *k*, vue à part sur diverses faces, *fig.* 22; 2° de la pièce en cuivre *j*, vue à part de face et de profil, *fig.* 23; 3° des deux coulisseaux en acier *i*, dont l'un, le mobile, est vu à part, *fig.* 24; 4° de la coulisse en cuivre *c* sur laquelle s'élèvent les deux portes *d*, vue à part, *fig.* 25; et enfin de la pièce de rapport *e*, également en cuivre, qui peut faire corps avec la coulisse *c*, mais qui sera mieux séparée, ainsi qu'elle est dessinée dans le modèle; cette pièce est d'ailleurs vue à part, en coupe, *fig.* 28; de face, de profil, et en plan, *fig.* 27 : elle supporte la seconde vis de rappel *f* dont nous indiquerons plus bas la fonction. En donnant l'explication de chacune de ces pièces, nous ferons connaître leur destination.

« La pièce *k* vue sur son côté long *fig.* 19, vue en bout *fig.* 20, est vue à part, dessinée sur trois de ses faces, *fig.* 22; elle doit être dressée avec soin sur deux de ses côtés, le supérieur et l'incliné ; elle est percée dans le sens de son épaisseur de deux trous *h h* livrant passage aux vis de fixation *h*, *fig.* 20, et sur sa largeur d'un trou *f' f'* taraudé, formant l'écrou de la vis *f*, *fig.* 19, 20, 21, 28. Cette pièce *k* avec la pièce *j* dont il va être question, forment une coulisse à queue, glissant sur la pièce principale *a*.

« La pièce *j*, *fig.* 19 et 20, vue à part *fig.* 23, est faite en cuivre ; le talon *j'* fait coulisse avec la pièce *k* ; on y remarque en *e* une échancrure destinée à recevoir une portion *e* de la *fig.* 27, 28, lorsque le porte-outil *d* est tout-à-fait avancé. Les trous *h h* sont taraudés, ils forment l'écrou des vis *h*, *fig.* 20. Les quatre trous *g* sont également taraudés, et forment les écrous des quatre vis *g*, *fig.* 19, 20, 21, qui viennent s'y engager après avoir traversé les trous *g* des coulisseaux en acier *i*, *fig.* 19, 20, 21, vus à part *fig.* 24. Sur le champ de cette pièce, du côté du coulisseau mobile, *fig.* 24, sont percés deux trous taraudés *m m*, formant l'écrou des vis de pression *m m*, *fig.* 19, 20, 21. Au centre de cette pièce est le trou *b* qui la traverse dans toute son épaisseur, et qui est destiné à recevoir à pression exacte, mais libre, le tourillon *b'*, *fig.* 26. C'est ce tourillon qui lie les deux portions du support ensemble, et qui transmet à la partie supérieure le mouvement de va-et-vient, parallèle à droite ou à gauche, qui est déterminé par le virement de la vis de rappel *b*. On conçoit que la pièce *j* doit être bien dressée en dessus et en dessous, et être mise bien exactement d'épaisseur, parce qu'elle est soumise à plusieurs frottemens ; elle ne présente d'ailleurs de difficultés que relativement au dressage de l'angle rentrant *j'* ; on conçoit

2. 7

également que rien ne s'opposerait à ce que ces deux pièces, *fig.* 22 et 23, *k j*, ne fissent qu'une même pièce; on s'épargnerait la peine de faire les deux vis *h h* et leurs écrous, mais on en fait deux pour faciliter l'exécution. Le dressage de la coulisse en queue serait très-difficile; et d'ailleurs, au moyen de la disposition actuelle, il serait possible de remédier à un agrandissement de l'ouverture de cette coulisse à queue, si elle venait à avoir lieu par suite d'un travail long et pénible que l'outil aurait eu à supporter, inconvénient grave et irréparable si ces pièces n'en faisaient qu'une seule.

« Les coulisseaux *i i* doivent être dressés sur leur côté incliné; ils sont fixés sur la pièce *j* au moyen des quatre vis *g g*, *fig.* 19, 20, 21; le coulisseau de gauche est tenu immobile par ses deux vis; le droit, vu à part et en dessous, *fig.* 24, a une certaine mobilité, qu'il doit à l'ovalisation des trous *g g* qui le traversent, et par lesquels passent les vis *g g*. Le rebord de l'embase des vis *m m*, *fig.* 19, 20, 21, appuie contre le derrière de ce coulisseau; et, lorsque la coulisse à queue formée par les coulisseaux vient à se relâcher par suite de l'usage, on la resserre au moyen de ces vis de pression *m m*, qui n'ont point d'autre destination.

« C'est dans la coulisse à queue dont nous venons de parler que doit glisser à pression exacte la pièce *c*, ou porte-outil, dont nous devons maintenant nous occuper. Cette pièce, vue en bout en *c*, *d*, *e*, *l*, *fig.* 19, se présente de côté, indiquée par les mêmes lettres dans la *fig.* 20: elle est vue en dessus *fig.* 21, et à part en détail *fig.* 25, 27 et 28: elle est faite en cuivre, bien dressée en dessous et sur ses côtés inclinés, dont la pente doit être la même que celle donnée aux coulisseaux *i i*, et avec laquelle elle doit se raccorder exactement. Cette pente est ombrée dans les *fig.* 20 et 21. Quant au-dessus de cette pièce, il doit être aussi dressé, puisque c'est sur ce dessus que l'outil est posé ; mais une aussi grande exactitude n'est pas de rigueur. Assez souvent les deux portes *d d*, par où passe l'outil, sont ajoutées après coup à tenons et mortaises, pour faciliter le dressage du dessus ; dans le modèle que nous avons sous les yeux, elles sont fondues du même jet ; cette méthode est préférable sous le rapport de la solidité, elle donne seulement un peu plus de peine pour dresser. Quant à ces deux portes, leur ouverture est déterminée par la grosseur des outils qui doivent y passer ; elles doivent être bien alignées, dressées à l'intérieur, et surmontées par des vis de pression qui fixent invariablement l'outil lorsqu'il est placé.

« La pièce *e*, qui fait le retour d'équerre, pourrait également être fondue du même jet, mais l'obstacle qu'elle présenterait au parfait dressage du dessous, qui ne doit rien laisser à désirer, fait préférer son rapport, au moyen de deux vis fraisées, visibles sur la partie supérieure et antérieure du porte-outil, *fig.* 20, vu de profil et en coupe *fig.* 25 et 28. C'est à travers cette pièce que passe la seconde vis de rappel *f*, dont nous allons nous occuper. Cette pièce *e*, arrondie par le bas, est percée, dans sa partie supérieure, des deux trous par lesquels passent les vis de jonction dont nous venons de parler ; on y doit remarquer le talon *e'* qui s'engage dans l'échancrure *d'* de la figure 23. La figure 27 représente cette même pièce vue par devant, la rondelle de recouvrement *l* ôtée. Le trou du milieu est celui par lequel passe le collet de la vis de rappel *f*, le cercle ombré qui l'environne est l'encastrement circulaire dans lequel se meut l'embase de cette même vis, le cercle ponctué indique la place de la rondelle de recouvrement *l*, et les petits trous qui sont renfermés dans ce dernier cercle sont les écrous dans lesquels s'engagent les trois vis qui fixent cette rondelle, et qui sont d'ailleurs visibles en *f l, fig.* 19.

« La vis *f*, *fig.* 19, 20, 21, 28, affecte la même forme que la vis *b* : comme elle, elle forme le rappel au moyen d'une embase circulaire; mais le pas doit en être encore moins incliné. L'encastrement de l'embase diffère en ce que, pour la vis *b*, il ne se fait qu'à mi-partie, moitié dans la pièce *a*, moitié dans la rondelle de recouvrement *b*", au lieu que l'encastrement de la vis *f* se fait de toute la profondeur de l'épaisseur de l'embase, ainsi qu'on peut le voir *fig.* 28. La rondelle de recouvrement ne doit point d'abord joindre absolument, on la rapproche au moyen des trois vis de jonction à mesure que l'usage agrandit l'encastrement de l'embase. Cette observation est également applicable à la vis *b* et à toutes les vis de rappel en général. Si la rondelle de recouvrement touche d'abord, il tarde peu qu'il se produise du lâche par le frottement, et ce lâche cause des temps-morts. Cet effet est peu sensible, et n'a lieu qu'à la longue; mais enfin il a inévitablement lieu, et il est prudent de le prévoir en ne faisant pas d'abord toucher les rondelles de recouvrement, et en se réservant le moyen de les rapprocher en serrant les vis lorsqu'il en sera besoin. C'est en se conformant à toutes ces petites sujétions qu'on produit un outil parfait, et dans ces ser-

tes d'objets de précision on ne doit négliger
aucun soin, quelque minutieux qu'il paraisse
d'abord.

« Cette vis *f* se fait en acier; elle s'engage
dans l'écrou *f*, *fig.* 22, représentant la pièce *k*,
fig. 19 et 20. Toutes les vis qui assemblent cette
machine, à l'exception des sept à tête fendue et
fraisée, dont deux forment la jonction des deux
pièces, *fig.* 25, deux autres fixent la pièce de
recouvrement *b"*, et trois la rondelle *l*, seront
faites en acier, et auront une tête saillante,
carrée, de même calibre que les carrés des vis
de rappel *b* et *f*, afin qu'une seule et même clé,
à canon carré, serve pour les faire tourner
toutes. Les quatre vis *g*, les deux *h h*, les deux
m m seront garnies d'une rondelle qu'on pourra
faire mobile, mais qu'il convient de lever sur
le même morceau, en forme d'embase, comme
il a été fait dans le modèle que nous décrivons.
Ces embases, toujours bonnes pour assurer
l'effet, sont particulièrement indispensables
pour les vis *m m*, puisque ce sont elles qui, en
opérant pression contre le coulisseau *fig.* 24,
déterminent son mouvement. Les vis de pression *d d* seules n'auront point ces embases ; mais
leur carré sera d'ailleurs de calibre avec celui
de toutes les autres vis saillantes. On fera revenir toutes ces vis, lors du recuit de la trempe,
à la couleur d'or. Ainsi se construit cet instrument, assez compliqué, mais d'une importance
majeure.

Mode d'action.

« Si l'on tourne à l'aide de la clé la vis de
rappel *b*, elle fera marcher à droite ou à gauche, selon le sens qu'on aura donné à cette vis,

l'écrou curseur *a'*, *fig.* 26 : cet écrou, au moyen
du tourillon *b'* entrant dans le trou *b'* de la
fig. 23, communiquera ce mouvement à la partie supérieure du support, et ce mouvement
sera celui employé pour tourner des cylindres.
Quant à l'avancement ou au recul de l'outil selon qu'on veut qu'il entame plus ou moins profondément la matière, c'est en tournant la vis
de rappel *f* dans un sens ou dans l'autre qu'on
opère ce mouvement. Cette vis, en s'engageant
dans l'écrou *k*, fait avancer le porte-outil ; en
sortant de cet écrou, elle le ramène avec la
pièce *e*, qui y est adhérente. La force de répul-
sion de l'outil est vaincue par la résistance offerte par cette vis ; l'effort de cette vis est vaincu
par la résistance offerte par les deux vis *h h* qui
retiennent l'écrou ; et enfin le talon *j'* de la pièce
j s'oppose à ce que la traction de ces vis puisse
ébranler cette même pièce *j*. Ces résistances sont
combinées de manière à pouvoir suffire pour des
ouvrages qui exigent un grand développement
de force.

Autre support.

« Ce que nous venons de dire sur la construction des supports à chariot servira naturellement d'introduction à ce qui nous reste
à dire sur cet ustensile, l'un des plus importans dont le tourneur en métaux puisse se mu-
nir, puisque c'est avec son aide qu'il pourra parvenir à dresser des cylindres, à faire des vis régulières, à tourner des cônes en creux et en
saillie, s'ajustant parfaitement, et en général à
exécuter sûrement des ouvrages qui exigent une
grande précision. Le support que nous allons
décrire diffère essentiellement du premier, et

par la forme et par les effets ; mais cependant l'un servira à faire comprendre l'autre, et si par la suite nous sommes obligé de revenir encore sur cet article, ce qui nous paraît très-possible, il nous sera plus facile de nous rendre parfaitement intelligibles.

« De toutes les pièces dont cet autre support est composé, aucune ne nécessitera absolument le secours du fondeur et celui du forgeron, avantage qui aura sans doute beaucoup de prix aux yeux de la plupart des tourneurs qui ne sont pas toujours à même de faire fondre, et qui n'ont pas toujours une forge à leur disposition ; il est entièrement de cuivre en planches de diverses épaisseurs, qu'on achète tout dressé et de fils d'acier de divers diamètres. Indépendamment de cette facilité d'exécution, il possède des avantages qui lui sont particuliers, et que nous ferons ressortir en le décrivant.

La figure 6 même *Pl.* 4 le représente vu de côté placé parallèlement à l'axe du tour ; la figure 9 le représente dans la même position, mais vu en dessus ; la figure 7 le représente vu en bout du côté *c*. Pour rendre claire autant que possible notre description, divisons-la d'abord en deux parties : la première comprendra l'encadrement *a b c d e f g h ;* la seconde le porte-outil mobile, et les pièces qui le supportent et qui en dépendent.

« *Première partie.* On peut la construire avec une planche de cuivre laminé de quatre lignes fortes (9 à 10 millimètres). On lui donnera des proportions voulues, en conservant toutefois plus d'épaisseur au cuivre si le support devait être très-grand ; celui que nous avons sous les yeux a 174 millimètres (six pouces cinq lignes) de longueur. Les pièces *a b c* sont prises dans

le même morceau, elles sont assemblées entre
elles à queue d'aronde, visibles dans le bas de la
figure 7; elles sont maintenues par les arcs-
boutans ou contre-forts *g h*. Ces contre-forts ont
été tournés dans le modèle et sciés en deux. Eux
seuls ne sont point de cuivre en planche, mais
il est très-facile de les remplacer par d'autres
morceaux sortant de la planche d'où l'on aura
tiré les pièces *a b c*; ils sont maintenus en
place au moyen de vis à tête fraisée *i*, fig. 7, 8,
10.

« Cette première partie comprend en outre
les deux tringles *d e*, et la vis de rappel *f*, qui
seront faites toutes trois avec de la tringle de
fer ou mieux d'acier de 7 à 8 millimètres de
diamètre (3 lignes fortes). Les tringles *d e* bien
dressées traverseront la pièce *c*, ainsi qu'on
peut le voir *fig.* 7; elles seront rivées à l'extérieur, et appuieront contre cette pièce *c* à
l'intérieur au moyen d'une portée prise sur leur
diamètre; par leur autre extrémité elles traverseront la pièce *a*, la dépasseront par derrière, et recevront sur leur bout excédant et fileté les écrous *j*, destinés à les maintenir et à
prévenir tout écartement. La *fig.* 10 représente
la pièce *b* vue à part; la *fig.* 8 est la pièce *a*
vue du côté opposé à celui que représente la
fig. 7.

« Quant à la vis de rappel *f*, sa construction
est des plus simples; maintenue entre les deux
pièces *a c*, par ses embases *a'*, *c'*, elle fait naturellement le rappel ne pouvant avancer ni reculer.

« Ainsi la première partie sera composée de
planche de cuivre, de quatre lignes fortes et de
trois tringles d'acier de trois lignes fortes, ma-

tière qu'on peut acheter toute préparée et qu'on n'aura plus qu'à assembler.

« *Deuxième partie*. Elle se compose de l'ensemble des pièces désignées par les lettres *l*, *m*, *n*, *o*, *p*, *q*, *r*, *r'*, *s*, *t*, *u*, *v*; toutes, à l'exception des vis, sont faites avec du cuivre laminé, de deux épaisseurs, savoir les pièces *n*, *o*, *p*, *q*, avec du cuivre de 8 millimètres (3 lignes et demie), et les pièces *l*, *m*, *r*, *r'*, avec du cuivre de 4 millimètres (1 ligne et demie) d'épaisseur; l'écrou *w*, la tête de la vis *s*, ainsi que le butoir *u*, seront faits avec des morceaux provenant de la planche dont on aura tiré les pièces *a b c* de la première partie, c'est-à-dire 4 lignes et demie fortes d'épaisseur.

« Pour faire cette seconde partie on commence par la boîte sur laquelle glisse le porte-outil; elle se compose de six planches assemblées entre elles par des queues d'aronde fixées avec des vis. Les deux grands côtés, dont l'un est représenté vu à part *fig.* 12, et est marqué *n* dans les *fig.* 6 et 7, ont dans le modèle 77 millimètres (2 pouces 10 lignes) de longueur sur 30 millimètres de hauteur. On a vu plus haut que leur épaisseur est de 8 millimètres. Ces deux planches *n* sont échancrées en dessous en forme d'arcade surbaissée, afin de livrer passage aux contre-forts *g h*, *fig.* 6 et 9; elles sont percées de trois trous parfaitement en regard et également espacés, donnant passage, savoir celui du milieu, qui est taraudé, à la vis de rappel *f*; les deux autres aux tringles *d e* qui doivent y glisser à frottement doux. Indépendamment de ces trois trous, elle est encore percée sur ses champs de trous taraudés dans lesquels s'engagent les vis de jonction dont il va être parlé.

« Sur les bouts de ces deux planches s'assemblent à queue les planches *l*, dont une, celle de devant, est vue à part *fig.* 11; elles ont à peu près 54 millimètres de largeur (2 pouces); leur hauteur est la même que celle des planches de côté dont il vient d'être parlé, leur épaisseur de 4 millimètres, ainsi qu'on l'a vu plus haut. Au milieu de leur largeur, vers le haut, est percé le trou *v*, donnant passage à la vis de rappel *v*, dont il sera parlé plus bas; sur ces côtés sont percés quatre trous non taraudés, servant à donner passage aux vis de jonction.

« Sur le dessus de ces quatre planches assemblées, formant le parallélogramme, sont placées les deux planches *m m*, dont l'une est vue à part au bas de la *fig.* 12, toutes deux visibles en bout *fig.* 6. Les trous non taraudés, dont ces planches sont percées dans les queues, servent à livrer passage aux vis de jonction apparentes *fig.* 9, en dessus des coulisseaux *o o*, et qui s'engagent dans le champ supérieur des planches *n*, ainsi qu'on peut le voir également dans la *fig.* 12.

« Quant au porte-outil *p*, ainsi que les deux coulisseaux *o* qui le maintiennent, on le distingue dans les trois *fig.* d'ensemble 6, 7, 9; on les voit d'ailleurs dessinés à part, savoir les coulisseaux *fig.* 14, et le porte-outil *fig.* 15 et 16.

« Les coulisseaux *o*, et ce porte-outil *p*, sont pris dans une planche de même épaisseur que les planches *n*, vues à part *fig.* 12; leur longueur est la même, et leur largeur égale les trois pièces réunies, celle du parallélogramme de la boîte; c'est-à-dire celle de la planche *l* vue à part *fig.* 11. Les portes *q*, par lesquelles passe l'outil, sont prises dans du cuivre de même épaisseur, et fixées sur le porte-outil par quatre vis apparentes dans les *fig.* 6, 7, 9, 15 et 16. Les coulisseaux taillés en biseaux, se rapportant avec les biseaux du porte-outil *p*, et parfaitement dressés, sont fixés sur les planchettes *m*, au moyen de vis de jonction, pénétrant dans les champs supérieurs de la planche *n*, vue à part *fig.* 12.

« Si l'on considère ces *fig.* 15 et 16, on comprend de suite comment la vis de rappel *v* communique au porte-outil le va-et-vient nécessaire. En dessous de la planche qui le forme et vers le devant, est percé un trou taraudé apparant *fig.* 9 ; l'écrou *w fig.* 15, 16, a une tige filetée qui s'engage dans ce trou : quant à la vis *v* elle fait le rappel parce qu'elle se trouve prise entre les deux planches *l*, dont une vue à part *fig.* 12, au moyen de son embase antérieure et du tourillon qui la termine. Nous appelons l'attention de nos lecteurs sur la manière dont les vis *f* et *v* font le rappel ; elle est différente de celles que nous avons indiquées, en décrivant le support de M. Séguier, et la poupée à pointe de M. Collas : elle exige un moins long travail ; mais elle n'offre pas, au même degré, la ressource de la compression, lorsque l'usage l'a rendue lâche.

« Ainsi se construit ce support à chariot : on doit remarquer que les barres *d e* offrent la résistance nécessaire à l'action répulsive de l'outil qui entame la matière, et que la vis *f* reste à peu près libre dans ses fonctions. On pourrait ajouter à cette force de résistance, en faisant descendre davantage les planches *l*, et en les faisant frotter contre la planche *b*; mais l'auteur ne l'a pas fait ainsi, et nous sommes contraints de suivre son modèle; nous avons d'ailleurs d'autres objets à faire remarquer à nos lecteurs.

« Assez souvent dans les supports à chariot la vis de rappel *v*, qui fait mouvoir le porte-outil, est remplacée par un levier à bascule, dont nous donnerons quelque jour la description : l'emploi de ce levier a particulièrement lieu lorsqu'il s'agit de guillocher avec ce support. Dans ce cas, comme dans celui qui nous occupe où le levier est remplacé par une vis de rappel, il est urgent d'avoir un guide régulateur, qu'on nomme *butoir*, afin que l'outil ait un mouvement de progression uniforme. Il y a bien des sortes de butoirs : ceux des Anglais nous paraissent préférables à celui dont nous donnons la description ; mais nous ne pouvons maintenant nous occuper que de celui que nous avons sous les yeux.

« Le butoir *u* est un petit talon de fer ou de cuivre, au travers duquel passe la vis de rappel *s*, supportée par deux bandes de cuivre *r*, *r'*, et placées à la gauche du support. En tournant la vis *s*, on fait avancer ou reculer à volonté le butoir, et alors le porte-outil se trouvant arrêté à la distance voulue, l'outil ne peut entamer la matière plus profondément qu'il ne convient. Nos lecteurs sentiront de suite combien l'application de ce moyen de régularisation donne de sûreté pour la parfaite exécution de certains ouvrages.

« M. le comte Murinais a ajouté à son support un perfectionnement qui mérite de fixer l'attention. Pour se servir avantageusement d'un support à chariot, soit pour dresser un cylindre dans le sens de sa longueur, soit pour le mettre d'équerre par les bouts, soit enfin pour tourner des cônes régulièrement, suivant une inclinaison voulue en creux ou en saillie, et pour pouvoir retrouver sûrement et facilement cette inclinaison, il faut passer bien du temps et prendre de grandes précautions lors du placement du support; et pour n'en citer qu'un exemple, s'il s'agit de le placer suivant un parallélisme parfait avec l'axe du tour, on n'y arrive qu'après de longs tâtonnemens. La plate-forme divisée que le savant amateur adapte à son support, pare à toutes les difficultés, et une fois faite permet d'opérer pour ainsi dire en aveugle.

« La *fig.* 13 représente sur une échelle plus petite, relativement aux proportions des *fig.* 6 — 16, la plate-forme vue en dessus et en partie sur le côté. C'est tout simplement une planche de cuivre de 2 à 3 millimètres d'épaisseur, fixée par des vis à tête fraisée sur une chaise carrée en bois, fixée elle-même par les moyens ordinaires sur la semelle, ou même en faisant partie. Cette planche est divisée, ainsi qu'on le voit *fig.* 3, en 90 ou 100 degrés, suivant qu'on adoptera l'ancienne ou la nouvelle division du cercle. Les divisions seront chiffrées comme sur un rapporteur. Au milieu de la plate-forme est un trou rond par lequel passe le boulon de jonction qui unit la partie supérieure du support à cette plate-forme, et sur lequel il vire, comme le fait la chaise d'un support; un repère placé aux deux bouts du chariot, au milieu, sous la vis de rappel *f*, sert à déterminer l'inclinaison à donner à ce chariot, en mettant le repère sur l'une des divisions de la plate-forme. Si les repères sont sur zéro, on aura le parallélisme à l'axe du tour; s'ils sont sur une diagonale, marquant 45 degrés, ou

8

aura l'onglet ; et enfin s'ils sont sur la perpendiculaire à zéro, ou sera sûr de dresser parfaitement les bouts du cylindre ; les divisions intermédiaires déterminent également les inclinaisons intermédiaires.

« Les *fig.* 17 et 18 représentent les boulons de jonction qui unissent les chariots à la chaise. Si l'on fait le trou *k*, *fig.* 9, 10, carré, on emploiera un boulon semblable à celui dont la *fig.* 7 fournira le modèle, alors la pression s'opérera par un écrou six pans qui sera placé en dessous : dans ce cas on évidera la chaise, *fig.* 13, en arcade sur sa hauteur, afin de pouvoir passer la clé qui doit faire tourner l'écrou. Si, tel qu'il est dans le modèle, on fait rond ce même trou *k*, ce qui est plus commode, on fait le boulon d'après la *fig.* 8, tel qu'on le fait dans tous les supports, pour joindre la chaise à la semelle, et alors on le serre et desserre en passant un levier en dessus de la base du chariot dans les trous de la tête du boulon.

Tel est le support très-difficile à expliquer, très-facile à exécuter, que l'on doit à M. Murinais. On le fera avec une lime, une scie et une filière, pour tous outils : la matière sera du cuivre en planche de diverses épaisseurs, et des tringles d'acier de diamètres différens. La disposition de cet ustensile permet d'y adapter très-aisément le *gare-de-limaille* qui fait partie de la majeure partie des chariots qui se font en Angleterre, et que les ouvriers français emploient également, pour garantir la vis de rappel et des chocs qu'elle est exposée à recevoir, et de la poussière métallique qui l'encrasse promptement et détériore l'écrou. Mais cet article est déjà long : les supports à chariot nous fourniront aisément la matière d'un troisième article dans lequel nous parlerons de ce perfectionnement, ainsi que de beaucoup d'autres objets qui se rapportent à cette importante partie. Ce que nous avons à dire des leviers à guillocher, des outils mobiles à mouvement de rotation, des moyens d'employer le support à chariot pour tracer sur des cylindres des hélices plus ou moins rampans, selon la grandeur des poulies ajustées sur le carré de la vis de rappel *f*, et par conséquent de le convertir en machine à fileter, et d'autres effets qu'on obtient de cet intéressant outil, nous entraînerait bien au-delà des limites ordinaires de nos articles.

CHAPITRE XVII.

DES POLYÈDRES OU CORPS SOLIDES.

SECTION PREMIÈRE.

Méthode pour faire un tétraèdre.

Le tétraèdre dont je vais donner ici la description, est celui dont les quatre côtés sont des triangles équilatéraux, c'est-à-dire qui a la forme d'une pyramide dont chaque côté est égal à la base.

On commence par faire une boule, ayant soin de conserver la ligne circulaire qu'on a tracée sur ce cylindre; on divise ensuite cette ligne en vingt-six parties égales, en se servant d'un compas d'acier à ressort et dont les pointes sont

très-aiguës. On laisse ce compas en gardant l'é-
cartement, et on prend un autre compas dont
une des pointes peut être pliée, et du point
dont on est parti pour faire la division, on trace
au crayon un cercle très-fin, plus bas que la
moitié de la boule. On prend un troisième compas et on divise ce cercle en trois parties bien
égales. On ne saurait apporter trop de soin à
faire les points extrêmement petits, et à placer
dessus bien exactement les pointes du compas.
On met ensuite sur le point de centre du cercle
qu'on a tracé, et sur l'une des trois divisions
qui y ont été faites, un morceau de carton ou
une lame de cuivre bien droite, et on tire une
ligne indéfinie avec un crayon affûté aussi fin
qu'il est possible. On fait la même opération
avec deux autres points de division, et on obtient un triangle dont les lignes courbes n'ont
pas encore de base. Sur chacune de ces lignes,
à partir du point du centre, on marque huit
parties du compas de la division du cercle en
vingt-six parties, et de chacun des points où
aboutissent ces huit parties, on trace trois lignes
qui se rencontrent et forment les bases des trois
premiers triangles, plus un quatrième triangle
en dessous; ce qui constitue un polyèdre à quatre angles à quatre côtés.

Il s'agit alors de mettre chaque triangle au
centre du mouvement, afin de former sur le
tour chacune des surfaces. Pour y parvenir,
on abaisse sur chaque côté du triangle une perpendiculaire indéfinie, on prend avec une ouverture de compas, un point d'intersection de
chacun des angles du triangle, et l'on est assuré
que le point de rencontre de cette ligne avec
une autre ligne de même espèce, abaissée sur
un autre côté, donne le centre qu'on désire.

C'est par le moyen de ce contre qu'on peut
s'assurer si la pièce tourne bien rond sur
le mandrin. Quand la boule est ainsi placée
dans le mandrin, on met le tour en mouvement, et l'on attaque la pièce avec beaucoup de précaution pour ne pas la déranger.
Pour s'assurer si la face est bien droite, et
si les angles viennent aboutir juste au cercle
qu'on a tracé, on mesure souvent avec une
bonne règle.

Pour toutes les autres faces, on opère de la
même manière. Mais comme la face faite ne
porte plus sur la cavité du mandrin, et que par
conséquent la boule ne remplit pas exactement
le mandrin, pour obvier aux inconvéniens qui
peuvent en résulter, on fait sur le mandrin un
trou que l'on taraude et dans lequel on place
une vis en bois qui presse sur la face terminée
et la maintient. Pour que la pression de la vis
ne gâte pas la surface, on colle dessus une
petite lame de bois; on en colle également sur
les autres faces à mesure qu'elles sont terminées; on fait aussi des trous correspondans à
ces mêmes faces, dans lesquels on introduit
aussi des vis de pression en bois. Pour décoller
toutes les petites lames quand la pièce est terminée, il suffit d'introduire dessous, d'un côté
seulement, une lame mince de couteau. (Voy.
Pl. III, *fig.* 7 et 31.)

SECTION II.

Faire un hexaèdre.

Pour faire un hexaèdre, qui est une figure à
six faces égales, comme un dé de trictrac, on

tourne une boule bien ronde qu'on divise en
huit parties égales. Quand cette division est
faite, on met la boule dans le mandrin, et on
la place de manière que les points opposés de
division passent sur la pointe d'un outil très-
aigu ou d'un crayon. On marque alors bien
légèrement une ligne qui coupe la première à
angles droits, et divise la boule en deux nouveaux hémisphères. On divise cette ligne en quatre parties égales, et aux deux points opposés
par le diamètre, on trace au tour une ligne de
division qui coupe les deux autres à angles
droits. Ces trois lignes circulaires offrent six
points de section qui sont les centres des six
faces de la figure.

On divise en deux parties égales, la distance
qui se trouve entre deux de ces centres, et prenant un compas dont l'une des branches portera sur un des centres et l'autre sur la division
en deux parties, on trace six cercles, c'est-à-
dire autant qu'il y a de centres. Il reste encore
à trouver le centre des triangles qui se trouvent entre chaque cercle, et dont les côtés sont
des lignes courbes; il ne faut pour cela que
mettre sur deux des points de centre opposés,
une règle bien droite, et tirer une ligne qui
partage deux triangles en deux parties égales.
On répète la même opération dans tous les sens
pour tous les triangles, et on obtient ainsi les
centres de tous les cercles.

Il s'agit alors de faire les faces de l'hexaèdre;
pour cela on met la pièce dans le mandrin
creux, en plaçant les points de centre parfaitement au centre de rotation, et on opère comme
il a été dit pour le tétraèdre, en ayant soin
cependant de tourner les premières, les deux

faces qui sont à bois debout. (Voyez *Pl.* III,
fig. 16.)

Faire un octaèdre.

L'octaèdre, qui est un solide à huit faces, se
fait également avec une boule, et se divise de
la même manière que l'hexaèdre. Cette division
faite, on tire de chacun des six points, aux
points voisins des lignes qui forment sur la
boule, huit triangles, dont quatre sur chaque
hémisphère. On prend alors un compas et on
décrit de petites portions de cercles en dessus et
en dessous, à l'extrémité de chacun des côtés;
ensuite partant du point où les petites courbes
se coupent, on tire une ligne à la section correspondante, en dessous du côté du triangle, et
le centre du triangle se trouve au point où les
trois lignes se rencontrent. On termine la pièce
dans un mandrin sphérique. (Voyez *Pl.* III,
fig. 51.)

Faire un dodécaèdre.

Le dodécaèdre est un solide à douze faces,
qui se fait de la manière suivante :

On tourne une boule bien ronde, sur laquelle
on conserve la ligne de division du cylindre,
et on divise cette ligne en six parties égales.
De chacun des deux points opposés, ou bien
de chacun des deux pôles à l'autre, on tire une
ligne circulaire qui divise la boule en trois parties égales, puis on divise chacune de ces deux

lignes en cinq parties égales. La division en
cinq n'est pas facile et demande beaucoup d'attention ; cette division en cinq, partant de la
ligne de division faite sur le cylindre, étant
partagée en deux, au point opposé d'où l'on est
parti, c'est du point correspondant à celui qui
partage la division en deux, qu'ou part pour
diviser l'autre cercle en cinq parties ; aussi les
points de division sur ces deux cercles, ne sont
point en ligne droite les uns par rapport aux
autres, mais en diagonale. Ces points, et ceux
qui sont marqués sur l'autre cercle, étant placés obliquement les uns par rapport aux autres,
ne peuvent pas être à une égale distance. On
prend alors avec un compas, un peu moins de
la moitié de la différence qui se trouve dans la
distance d'un des pôles aux cercles tracés, et
de celle des points de division entre eux, et
ajoutant cette augmentation à la distance qui
existe depuis l'un des pôles jusqu'à un point
de division sur le cercle, on voit que la pointe
du compas est placée un peu au-dessus du point
de division. Pour que l'opération soit exacte, il
faut maintenant que la distance de ce nouveau
point à un point voisin, près d'une division de
l'autre cercle, se trouve absolument juste. Quand
on s'est assuré que tous ces points sont à distance égale entre eux, on trace avec le compas,
dont on a conservé l'ouverture, et de chacun
des pôles, un cercle qui, étant divisé en cinq
parties égales, donne les cinq points de centre
de chaque polygone. On marque ces points
avec de l'encre, et on s'assure de leur exactitude.

De trois de ces points formant un triangle,
on cherche avec le compas, un point marquant
le centre d'un cercle à la circonférence duquel

se trouveraient les trois points, et quand on a trouvé ce point, on trace, à partir des points principaux marqués en noir, sur toute la surface de la boule, des cercles qui forment des pentagones, ce qui termine la figure du solide.

On place alors la boule dans un mandrin, dont la forme extérieure est sphérique, et on fait les faces en commençant par celle qui se trouve à bois debout, et finissant par celle qui se trouve à bois de travers.

On ébauche la pièce avec un grain d'orge très-aigu, présenté de face, et dont l'angle est à droite, ensuite on planit la surface avec un ciseau, dont le biseau un peu plus long est affûté très-fin; et pour que la pièce ne broute pas, on élève la cale du support au-dessus du centre, ou l'éloigne de huit à dix lignes de la surface, et l'on prend le bois au-dessous du centre, en ayant soin d'élever la main droite et d'incliner l'outil à l'ouvrage. Cet outil ne doit pas porter à plat sur le support, mais incliner un peu sur sa largeur vers la droite. En prenant bien peu de bois, particulièrement sur la fin, on dresse la surface de manière qu'elle sort presque polie de la main de l'ouvrier.

Et comme en changeant la pièce de la place, on pourrait altérer la vivacité des angles, on a soin de faire le mandrin de bois doux, et surtout sans nœuds. On place aussi la pièce dans le mandrin avec beaucoup de ménagement; on achève de dresser chaque face avec une lime plate bâtarde, puis avec une lime demi-douce, ou bien, si l'on veut, avec du papier de verre. (Voyez *Pl.* III, *fig.* 52.)

Faire un icosaèdre.

L'icosaèdro, ou solide à vingt faces, se fait avec une boule qu'on divise comme celle du dodécaèdre, c'est-à-dire en douze points qui sont les angles de vingt triangles. On prend successivement le centre de tous les triangles qui sont sur la boule, et de chacun de ces centres, on trace un cercle qui passe sur les points de la première division en douze parties égales. On obtient par ce moyen vingt cercles ; on marque les centres de ces cercles avec un petit point noir, et on trace également en noir tous les cercles. Le point sert à s'assurer si le cercle est parfaitement au centre sur le tour, et c'est au moyen du cercle qu'on connaît la partie du bois qu'on doit emporter sur le tour.

On doit en tournant ce solide, commencer ainsi que je l'ai dit, par la face qui est à bois debout. Quand quelques-unes des faces sont faites, il est difficile de placer la pièce dans le mandrin, et cette difficulté s'augmente à mesure que l'ouvrage tire vers sa fin. Un autre inconvénient qui n'est pas moindre, c'est le danger de faire sortir la pièce du mandrin, et d'écorcher les faces déjà faites. On doit donc attaquer le bois avec beaucoup de ménagement. Et pour tenir la pièce plus solidement, on pourrait se servir de plusieurs vis de pression portant sur des plaques de bois collées sur les surfaces confectionnées, avec de la colle de poisson dissoute à l'esprit-de-vin et employée un peu chaude. (Voyez l'icosaèdre déployé, *Pl. III, fig.* 5o.)

CHAPITRE XVIII.

FAIRE DES ÉTOILES.

SECTION PREMIÈRE.

Faire une étoile dans un tétraèdre.

On commence par diviser la boule comme il a déjà été dit pour le tétraèdre, on la place dans un mandrin creusé sphériquement, et on met au centre de rotation le point de division qui est à bois debout. On forme la face de manière à ce qu'elle n'excède pas le cercle qu'on a tracé, et on laisse un tenon au milieu de la face. Ce tenon est destiné à recevoir une rondelle.

On met ensuite au centre de rotation le point où le bois est le plus de travers, on opère comme pour la première face, et on laisse également un tenon qui entre dans une rondelle; on répète la même chose pour les quatre faces. Dès que la première face est faite, et que la rondelle est placée, on met la boule dans le mandrin à neuf vis, dont on voit la forme (*Pl.* III, *fig.* 25), et on tourne la vis correspondante à la face; on fait de même à mesure que chaque face est terminée.

Quand les quatre faces sont ainsi disposées, on met au centre de rotation celle qui est à bois debout, et on commence à creuser. On se sert d'abord d'un outil à trois quarts, avec lequel on creuse à deux lignes environ de profondeur, ayant bien soin, pour que l'outil ne s'engage pas, de le pousser quand la pédale descend, et de le retirer quand elle remonte; on doit prendre la même précaution pour tous les outils dont on se sert dans les différentes opérations que je vais décrire. En continuant à creuser, on agrandit le trou vers la gauche, en écartant d'une manière presque insensible l'outil vers la droite, quand la pédale remonte. Le diamètre du trou devant être de huit à neuf lignes, on aura soin de mesurer souvent avec le calibre à épaulement.

On prend alors l'un des crochets (*Pl.* III, *fig.* 22), et pour que l'épaisseur de chaque face soit égale partout, on se sert du grain d'orge, et c'est de la ligue qu'aura décrite ce grain d'orge, qu'on part pour creuser avec le crochet. Pour que le crochet soit toujours libre dans sa place, après avoir creusé par la gauche, on entame un peu le bois vers le fond. Cette opération se fait par un mouvement presque insensible de la main.

Quand le premier crochet ne mord plus, on en prend un second de la même espèce, mais plus long; on l'introduit de biais dans le trou que l'on continue d'approfondir, en emportant peu de bois à la fois. Quand on a employé un troisième crochet, on approfondit près de la pointe avec le ciseau à face, ayant soin de jauger très-souvent avec les calibres. Après être parvenu à quatre lignes de profondeur, on élargit le creux jusque près du diamètre de la lunette, avec un outil à trois carres, et on élargit avec un crochet le ravalement vers la gauche; enfin, on continue de creuser en tirant doucement l'outil, et en emportant peu de bois jusqu'à ce qu'on ait atteint la face intérieure sans l'entamer. On prend alors le ciseau à face, et on creuse près de la base de la pointe, ayant soin de tenir cette pointe un peu plus grosse qu'elle ne doit être quand elle sera terminée. Quand on a élargi le ravalement, on prend un crochet plus long et plus fort, et on continue toujours en changeant de crochets à mesure qu'on avance. Quand on a assez creusé vers la gauche, on s'occupe de la longueur de la pointe et du diamètre de sa base; puis on mesure avec le calibre, et si la pointe est à sa longueur, on lui donne la forme conique. Pour cet effet, on prend l'outil à trois quarts, et on entame vers le bout, et à deux lignes tout au plus de sa longueur, la pointe qui est à bois de fil. On continue de même, de deux lignes en deux lignes, jusqu'à ce que la pointe ait acquis une forme exacte, et que le côté soit bien droit. On termine ensuite la pointe en n'entamant le bois qu'au-dessus du diamètre. Quand on est parvenu à quelques lignes de la pointe, il est sage de se servir, pour lui donner la dernière façon, d'une lime plate demi-douce.

Enfin, on unit la surface du fond avec un bédane, ayant soin d'élever la cale du support, afin que l'outil se présente au bois, incliné à sa surface. On unit également la surface intérieure du polygone avec un crochet un peu long, et la surface extérieure du polièdre avec un ciseau à un biseau un peu large, et coupant avec la plus grande finesse.

Quand cette pointe est terminée, on prend un morceau de buis, d'alisier, ou de tout autre bois dur, d'un pouce de diamètre sur huit à dix lignes de longueur; on fait dans toute sa longueur un trou d'une ligne, qu'on agrandit avec un équarrissoir fait exprès, de manière que la pointe puisse entrer juste dedans. On donne à ce morceau de bois la forme d'un bouchon conique, et on y fait un épaulement le plus large qu'il est possible. Ce bouchon placé dans le trou doit, quand il arrive à l'épaulement, remplir juste ce trou, et renfermer exactement la pointe terminée. La pointe ainsi renfermée ne risque nullement de se casser, ni même de se gâter, et le bout extérieur du bouchon, ayant la forme arrondie de la boule, n'empêche pas qu'on la place dans le mandrin, il contribue même à ce qu'elle y soit maintenue fermement. Je conseille de ne faire ces bouchons qu'à mesure que les pointes de l'étoile sont terminées, à cause de la justesse avec laquelle ces pointes doivent entrer dans le trou et le remplir.

On procédera de la même manière pour les autres pointes, en choisissant toujours la face qui avoisine le plus le bois de bout. Quand les quatre faces sont terminées, on retire les bouchons, et l'étoile se trouve parfaitement détachée dans toutes les parties de la boule dans laquelle elle a été prise. (Voyez *Pl.* III, *fig.* 33.)

Au lieu du mandrin à neuf vis, on peut se servir de celui sur lequel on adapte une espèce de couvercle au moyen d'une vis pratiquée à l'extrémité extérieure du mandrin, et d'un écrou fait dans l'intérieur du couvercle. J'ai donné, en parlant des mandrins, la description de celui-là.

Faire une étoile dans un hexaèdre.

Cette étoile se fait à peu de chose près comme celle dont je viens de parler, et avec le même mandrin, qui est ou celui à neuf vis, ou celui à couvercle vissé.

On divise la boule de la même manière que l'hexaèdre, et on commence également par dresser la face où le bois est debout. On laisse aussi un tenon au milieu de cette face, dont on n'atteint le bois que jusqu'à une petite distance du cercle. Cette précaution est nécessaire pour pouvoir réparer les erreurs qu'on commettrait en prenant les centres. Quand la première face est terminée, on place la boule dans le mandrin, dans un sens opposé, afin que les deux pointes correspondantes soient placées sur le même axe. On opère de même pour les autres pointes en changeant la boule de face; on a soin de remettre le tenon de la face qui est au fond du mandrin dans le trou du bouchon, placé au milieu de ce même fond.

Quand les deux premières faces sont faites, on place dessus deux rondelles d'un diamètre égal à celui des cercles tracés sur la boule, et de l'épaisseur que donnera la courbe, en appuyant un calibre sur les bords de ces rondelles; c'est sur ces rondelles que porteront les vis du mandrin. Quand les deux autres faces sont faites, on les couvre également avec des rondelles; mais cette précaution devient inutile pour la cinquième et la sixième, parce que ces deux faces se correspondant, le tenon de l'une est dans le bouchon du mandrin pendant qu'on dresse l'autre. Quand les faces sont bien dressées, on met la pièce dans le mandrin, on l'y fixe au moyen des vis, et on s'assure avec une loupe, si le point de la face qu'on veut travailler la première est bien exactement au centre de rotation. On creuse alors de la même manière, et avec les mêmes outils que j'ai désignés, en commençant contre le tenon. On sera obligé de faire de nouveaux calibres, ceux qui ont été faits pour le tétraèdre ne pouvant plus servir.

On fait également des bouchons pour conserver les pointes terminées, et on confectionne cette seconde pièce de la même manière que la première. (Voy. *Pl.* III, *fig.* 59.)

Etoile dans l'octaèdre.

Comme les pointes des étoiles doivent, dans cette pièce, se prendre au centre de chacun des triangles que présente l'octaèdre, quand on a trouvé ces centres, on trace sur la boule autant de cercles qui servent à tourner les huit pointes de l'étoile. On laisse des tenons sur chaque face en les dressant, et on forme les pointes avec des crochets et des grains d'orge, comme je l'ai déjà dit, en décrivant la manière de faire une étoile dans un tétraèdre. (Voyez *Pl.* III, *fig.* 8.)

Etoile dans le dodécaèdre.

On voit cette étoile *Pl.* III, *fig.* 19; la boule

avec laquelle elle est faite se divise comme le dodécaèdre, et toutes les opérations sont les mêmes que pour les figures précédentes.

Etoile dans l'icosaèdre.

La boule qui sert à faire cette étoile, se divise comme l'icosaèdre lui-même ; on réserve au centre de chaque face des tenons qui servent à mettre l'axe des pointes au centre de rotation ; quant à la manière de confectionner les pointes de l'étoile, elle est absolument la même que celle que j'ai détaillée, en parlant du tétraèdre. (Voy. *Pl.* III, *fig.* 6.)

Faire une étoile dans une boule.

On fait une étoile dans une boule absolument de la même manière que dans un polyèdre, et la division se fait aussi d'après les mêmes principes; seulement on réserve à l'étoile une enveloppe sphérique qui n'a point de faces. Les outils dont on se sert sont un peu différens des précédens, on peut en voir la forme (*Pl.* III, *fig.* 22). Comme la longueur de ces outils doit être proportionnée au diamètre de la boule, je conseille aux amateurs de les fabriquer eux-mêmes. Le mandrin à neuf vis est encore ici le plus commode, cependant on peut aussi se servir du mandrin à anneau ayant au fond un trou conique pratiqué dans un bouchon.

La confection des pointes exige beaucoup d'attention, surtout quand les lunettes sont petites. Pour rendre le travail plus facile, on élève le tour, en mettant sous les poupées des tringles de bois de dix-huit à vingt-quatre lignes d'épaisseur. On doit faire en sorte que le grand jour porte directement sur l'ouvrage, autrement on ne pourrait voir dans l'intérieur de la pièce, et on serait exposé à faire bien des erreurs.

On met dans les trous, à mesure que les pointes sont terminées, un bouchon qui est retenu par un petit bourrelet; par ce moyen la vis du mandrin peut porter dessus sans rien gâter. (Voyez *Pl.* III, *fig.* 39) un crochet à conducteur au moyen duquel on assure qu'on peut donner à l'enveloppe une épaisseur parfaitement égale dans toutes ses parties.

SECTION VII.

Étoile isolée à quatre pointes.

A la rigueur, on pourrait se contenter, pour faire une étoile de ce genre, de suivre la méthode indiquée pour le tétraèdre, et de briser l'enveloppe quand la pièce est terminée; mais cependant, pour que toutes les parties de l'étoile soient mieux finies, je vais indiquer quelques précautions particulières.

Quand on a fait un tétraèdre, ayant eu soin de conserver un tenon au centre de chaque face, on place la pièce dans le mandrin, en mettant au centre de rotation la face qui est à bois debout; on commence par emporter le bois coniquement vers la pointe, et on creuse comme je l'ai dit ailleurs, et à mesure que les pointes sont terminées, on les maintient avec un bouchon dans lequel elles entrent très-juste, et qui lui-même ne ballotte pas dans le trou. On pourra, si l'on veut, couper le dessus du bouchon de manière à ce qu'il semble faire partie de la boule ; en creusant les pointes on a soin de former tout autour, une espèce de lunette dégagée par le fond, et comme on peut lui donner la grandeur qu'on juge à propos, il est facile de tourner bien régulièrement les tringles du fond; si, par hasard, quand l'étoile est sortie de son enveloppe, on s'apercevait qu'elle offrît quelques défauts, on pourrait remettre les pointes dans les bouchons, fixer la pièce dans le mandrin au moyen des vis, et rectifier les pointes défectueuses en les mettant parfaitement au centre.

Soit que pour briser l'enveloppe on la prenne dans un étau, et qu'on la scie en différentes parties, ou bien qu'on la brise avec un marteau, on doit prendre assez de précautions pour ne pas endommager l'étoile. (Voyez *Pl. III*, *fig.* 3o.)

SECTION VIII.

Etoiles à six et à huit pointes.

Ce que j'ai dit relativement aux étoiles à quatre pointes, suffit pour celles à six et à huit; elles se font avec les polyèdres dont j'ai donné la description, il suffit d'employer les précautions que je viens de désigner.

Etoiles à douze pointes.

Un amateur qui s'est beaucoup occupé des pièces de ce genre, et qui m'a montré une étoile à onze pointes renfermée dans une sphère d'où

les pointes sortent par autant de lunettes placées
à distances parfaitement égales; un amateur,
dis-je, m'a donné, pour faire une étoile à douze
pointes, la méthode suivante qui peut, avec des
modifications, servir pour toutes les autres étoiles.
Il ne se sert que du mandrin dans lequel la boule
a été faite.

Quand la boule est terminée, et avant de
l'ôter du mandrin, on trace sur sa circonférence
un cercle qui la partage en deux hémisphères,
puis on marque un point bien exactement au
centre de la face qui est hors du mandrin, dans
l'endroit où la ligne est parallèle à l'arbre du
tour; ensuite avec un compas à ressort, on
prend un point intermédiaire entre le point
central que je viens de désigner et le cercle qui
partage le globe; puis, posant le crayon sur le
support, on en place la pointe sur le point
intermédiaire, et mettant le tour en mouvement, on trace un second cercle qu'on nomme
charde.

Cette première opération terminée, on ôte la
boule du mandrin, puis on l'y remet en sens
inverse, l'y faisant entrer avec précaution; on se
sert pour frapper dessus, d'un petit maillet de
buis ou plutôt de noyer. Quand on est assuré
que la boule est bien placée par son milieu dans
le mandrin, ce qui se voit lorsque le rebord extérieur du mandrin affleure bien exactement le
cercle qui partage la boule, on opère sur cette
seconde moitié du globe, comme on l'a fait sur
la première.

Alors, avec un compas à ressort, on divise
le cercle qui coupe la boule en deux, en six
parties égales; on commence par marquer un
point que je nommerai de départ, et donnant
au compas une ouverture approximative, on

tâtonne jusqu'à ce qu'on soit parvenu à faire la division bien exactement. Il faut bien prendre garde, en tâtonnant, de ne point appuyer la pointe du compas, et de ne faire aucune marque sur le cercle. Quand, à partir du premier point, on a divisé le cercle en six (il est clair que le point de départ compte pour un,) on marque sur le cercle les six divisions qui formeront autant de centres.

Il reste à diviser les deux cercles qu'on nomme chardes, chacun en trois parties égales ; pour cet effet, on place la pointe du compas sur l'un de ces cercles, à un point qui doit correspondre très-juste au milieu de deux des points marqués sur le grand cercle ; à partir de ce point, on divise le cercle en trois parties, on marque ces divisions par des points, et on a obtenu trois nouveaux centres; on fait la même opération et de la même manière sur le second cercle, et on a enfin douze centres, autant qu'on veut faire de pointes.

Il s'agit maintenant de fixer le diamètre des douze ouvertures ou lunettes dans lesquelles doivent être faites les douze pointes de l'étoile. On prend un compas à ressort, on place une des pointes de ce compas sur un des douze points de la division, et on forme d'abord un petit rond; on en fait autant autour des douze points, et s'assurant ensuite de l'espace qui reste entre chacun de ces petits ronds, on divise cette espace de manière à ce qu'il reste entre chaque lunette assez de bois pour que la boule ne casse pas quand on la met dans le mandrin ou quand on la retire; on fait, enfin, de nouveaux ronds qui déterminent la grandeur des lunettes.

Toutes ces opérations étant terminées, on remet la pièce dans le mandrin qui, autant que possible, doit être de bois d'alisier ou bien de hêtre, un peu échauffé, et on place un des points parfaitement au centre de rotation. Il est nécessaire que la forme, mais surtout l'entrée du mandrin, soit de la plus grande justesse. Quand on est assuré que le point est parfaitement au centre de rotation, on prend pour former la pointe, un grain d'orge affûté en long, et dont la longueur doit équivaloir au tiers du diamètre de la boule. Pour avoir bien exactement ce diamètre, on prend un compas d'épaisseur nommé huit de chiffre, et on place les deux pointes sur deux points de centre qui se correspondent. Quand la boule est parfaitement prise entre les deux pointes, on la retire en laissant au huit de chiffre son écartement; on prend cet écartement avec un compas à ressort, et marquant les deux points sur un morceau de bois ou de papier, on tire une ligne qui doit donner le diamètre de la boule. En prenant le tiers de cette ligne, on a donc le tiers du diamètre de la boule, et ce tiers vous donne exactement la longueur que doit avoir le grain d'orge. Cet outil est affûté et coupe des deux côtés, et sa largeur doit être calculée de manière à ce qu'il n'excède pas la distance qui se trouve entre la pointe et le petit cercle qui détermine la grandeur de la lunette. Il s'ensuit que toutes les fois qu'on veut faire une étoile, on doit aussi faire un grain d'orge, dont la longueur soit proportionnée à la grosseur de la boule.

Tout étant disposé, on place la pointe de l'outil entre le point de division et le petit cercle qui est fait autour, et on met le tour en mouvement; on enfonce insensiblement le grain d'orge qui, coupant des deux côtés, enlève des copeaux et du côté du cercle et du côté de la pointe, et lorsqu'il a atteint le point central ou la base, la pointe est faite; on sait que les pointes d'une étoile sont de forme conique; l'opération pour les autres pointes est absolument la même; il est inutile de dire que quand une pointe est terminée, il faut retirer la boule du mandrin et mettre un autre point au centre de rotation.

Quand toutes les pointes sont terminées, il reste à détacher l'étoile de son enveloppe, alors on se sert d'un autre outil que je n'ai vu nulle part, mais qui est très-commode; c'est une espèce de grain d'orge dont le bout est en forme d'olive, la surface plane et le dessous en biseau. Pour que cet outil soit moins cassant, on le trempe à l'huile (*Pl.* II, *fig.* 63). On place le bout de l'instrument à l'épaisseur qu'on veut laisser à l'enveloppe ou à la boule; cette épaisseur ne doit pas excéder une ligne et demie, et avec l'outil, on mange la matière qui tient l'étoile attachée à l'enveloppe; il faut tenir l'outil bien ferme sur le support, et n'emporter que très-peu de matière à la fois; quand l'étoile est détachée d'un côté, c'est-à-dire par une lunette, on ôte la pièce de dessus le mandrin, on la place de manière à ce qu'elle présente une autre pointe au centre, et on continue de la même manière jusqu'à ce que l'étoile soit totalement détachée, ce qui arrive aussitôt que l'opération est terminée par la dernière lunette; si, après cela, il reste encore quelques petites parties de matière, on les enlève avec une échoppe à graveur.

Cette méthode me paraît préférable à toutes les autres, d'abord parce qu'un seul mandrin suffit; en second lieu, parce qu'on n'a besoin ni de bouchons ni de planchettes, et enfin, parce que l'étoile se trouve terminée aussitôt qu'elle est détachée de l'enveloppe, et qu'on la détache au moyen d'un seul outil ; en général elle est plus courte et moins compliquée que les autres.

Manière de faire une étoile au centre de plusieurs boules détachées les unes des autres.

Pour faire une étoile de ce genre, on commence par tourner une boule telle qu'on la désire, et on en trace la grosseur sur un morceau de papier. On divise ensuite l'intérieur au moyen de différens cercles qui déterminent l'épaisseur des boules, la distance qui doit exister entre chacune d'elles, et le diamètre de la base de l'étoile. Ces cercles servent encore à calculer la longueur et la courbure des crochets. On divise ensuite la boule elle-même, en autant de centres qu'on veut donner de pointes à l'étoile, et on marque ces centres par des points; il est bon aussi de déterminer avec un compas à ressort, et au moyen d'un petit rond ou cercle, la grandeur qu'on veut donner à chaque lunette.

Cette division terminée, on met la boule dans le mandrin, en ayant soin de placer un des points de division exactement au centre de rotation. On fait les pointes de l'étoile de la même manière, et avec les mêmes précautions que j'ai indiquées déjà plusieurs fois.

Quand les pointes sont achevées, et qu'on est assuré d'avoir laissé assez de bois pour les boules et les distances qu'on doit mettre entre elles, on prend un grain d'orge qui doit avoir six li-

gnes environ entre l'épaulement et la pointe.
Les crochets qui servent à creuser, doivent être
à la courbure d'un cercle, et avoir six lignes de
moins que le diamètre de la boule. Quand on
a enlevé tout le bois qui se trouve entre les pointes
au-delà du petit cercle, on met à chaque lunette un bouchon fait avec soin, qui emboîte
la pointe, et remplit le trou de manière à ce
qu'il n'y ait aucun ballottement quand on
détache les boules. Il est évident que pour
détacher les boules, on doit changer de grains
d'orge à épaulement, toutes les fois qu'on entame une nouvelle profondeur, c'est l'unique
moyen de donner aux boules une égale épaisseur, et de rendre aussi les distances parfaitement égales.

Si l'étoile est renfermée dans trois boules, on
a besoin de trois crochets. On doit unir les surfaces en les terminant; on se sert pour cela du
crochet le plus long, qu'on introduit par la lunette qui se trouve la plus proche. Quand on a
détaché par une lunette, deux portions de boules, on met un bouchon dans cette lunette, ayant
soin de se servir toujours du même pour chaque
lunette.

Cette opération, qui étonne au premier coup-
d'œil, n'est pas plus difficile que les autres.

*Manière de faire une tabatière garnie d'é-
caille, avec des cercles de la même matière, au centre d'une ou de plusieurs boules
détachées.*

On prend un morceau de bois de grosseur
convenable, bien sec et bien sain, et on en fait
une boule de trente à trente-six lignes de dia-

mètre, qu'on divise en six parties égales, ce qui forme six centres. On met cette boule dans un mandrin hémisphérique, ou dans tout autre où elle peut être facilement retenue, ayant soin de la placer de manière que le premier point, mis au centre de rotation, soit à bois debout. On commence par ouvrir une lunette de quinze à seize lignes de diamètre, et quand elle est à six lignes environ de profondeur, on donne un coup de grain d'orge à joue, et on creuse, avec des crochets circulaires, jusqu'à ce qu'on soit parvenu à quatre lignes environ de la partie qui doit former le noyau. Sur ce noyau, on forme un tenon de quatre lignes de longueur sur six lignes de diamètre. Ce tenon terminé, on fait la seconde lunette qui doit se trouver sur la partie opposée; et quand le noyau est détaché tout autour de cette seconde lunette, on pratique dessus un tenon semblable au premier. On creuse successivement les autres lunettes, et on détache à mesure le noyau, qui doit se trouver entièrement séparé quand la dernière lunette est creusée. Sur la fin de l'opération, on doit n'enlever que peu de bois à la fois, et n'avancer qu'avec beaucoup de précaution.

Quand les lunettes sont terminées, on fait un mandrin sur lequel est ménagé un tenon de grosseur proportionnée à la largeur de la lunette, dans laquelle il doit tourner facilement. Dans ce tenon, on creuse une portée propre à recevoir un des tenons pratiqués sur le noyau; quand ce tenon est solidement emmandriné, et que le noyau peut tourner en laissant la boîte immobile, on place le support en face de la lunette, et on introduit un outil à biseau avec lequel on dresse le noyau sur le bois debout. On ne doit lui don-

ner que la longueur suffisante pour la hauteur
de la boîte, et une ligne et demie de plus. On introduit ensuite par la lunette, un bédane épais
de trois à quatre lignes, large d'une ligne forte,
et un peu plus large du bout que du corps, et
avec cet outil, pour le passage duquel a été laissée la ligne et demie ci-dessus, on sépare la cuvette du couvercle.

Quand les deux parties de la boîte sont ainsi
séparées, on fixe le couvercle contre la lunette
avec un peu de cire, et on creuse la boîte avec
des crochets faits exprès. Il est essentiel de tenir, pendant cette opération, l'outil bien perpendiculairement à la boîte, car autrement il
serait difficile, pour ne pas dire impossible, de
la creuser droit dans le fond. Pour dresser avec
plus de facilité le fond de la cuvette, on donne
au bec de l'outil, une longueur calculée de
manière qu'il suffise de pousser et de retirer ce
même outil quand sa tige est appuyée contre la
cuvette.

Quand la boîte est creusée, on prépare la
place où doivent être mis les cercles d'écaille,
on tourne ensuite ces cercles avec soin, puis
après les avoir amollis dans l'eau chaude, on
les fait entrer par la lunette, et on les met dans
les feuillures auxquelles on a dû laisser vers
l'angle intérieur, un peu plus de profondeur
que sur le bord. Les cercles doivent entrer un
peu à force dans la feuillure. Pour cette opération on a dû ôter la pièce de dessus le mandrin.

On prépare la batte et la plaque du fond, on
prend la mesure de la place que doit occuper
chacune de ces parties, et quand on est assuré
de l'exactitude des rapports, on commence par
garnir le fond de la cuvette, de colle forte bien

chaude; on fait entrer par une lunette de côté, la plaque qu'on a rendue flexible en la trempant dans l'eau chaude, et on la met à sa place, en ayant soin qu'elle porte bien sur tous les points du fond. On colle ensuite la batte qu'on a également amollie dans l'eau chaude, et pour qu'en séchant l'écaille ne se voile pas, on la contient au moyen de plusieurs petites chevilles qui, appuyant sur le fond, sont serrées par le couvercle qui est encore plein, et qu'on peut faire porter droit sur la lunette de devant, au moyen du tenon qu'on y a pratiqué. Toutes ces opérations demandent en même temps beaucoup de promptitude et de dextérité.

Quand la batte et la plaque du fond sont placées, on laisse sécher le tout, et il ne reste plus qu'à tourner la batte et à lui donner la dernière façon.

Après avoir terminé la cuvette, on fait, pour le couvercle, un mandrin semblable à celui dont j'ai déjà parlé; on change la boule de face, on la place sur le nouveau mandrin, et on opère absolument de la même manière que pour la cuvette. Quand toutes les parties de la boîte, faites d'écaille, sont bien collées et sèches, on tourne à l'intérieur la batte bien ronde, on dresse les cercles de manière que le couvercle joigne bien avec la cuvette, et on polit l'intérieur de la tabatière. On peut se servir pour cet effet d'un petit morceau de bois coudé, garni de peau, qu'on introduit par une lunette. On met dessus la peau, d'abord de la pierre ponce pulvérisée, mêlée avec de l'huile, ensuite du tripoli très-fin détrempé d'huile, et enfin du tripoli sec. Pour que la boîte soit bien polie partout, on a soin de tailler le bois du polissoir à angles très-aigus, parce que, fait ainsi, il pénètre plus

facilement dans les angles du fond de la boîte.
On pourrait encore, mais le poli serait moins
beau, se servir d'un papier de verre bien fin,
collé, comme je l'ai dit pour la peau, sur un
morceau de bois coudé.

Pour terminer entièrement la tabatière, il
reste encore deux opérations, c'est de faire disparaître les tenons réservés sur le fond de la cuvette, et sur le dessus du couvercle. La première de ces opérations est aisée, mais la seconde présente quelques difficultés; on remet
la pièce sur le mandrin du côté du couvercle, et
on fait entrer le tenon dans la partie pratiquée
dans ce même mandrin; on tourne alors le support en face de la lunette qui se trouve au centre
de rotation, et on enlève le bois du tenon de la
cuvette; on dresse le fond extérieur et les cercles, et on polit le tout.

On fait ensuite un petit mandrin sur lequel on
pratique un tenon proportionné à la grandeur
de la lunette, on trempe le bout de ce mandrin
dans du mastic fondu et bien chaud, et on colle
dessus le fond de la cuvette. La boîte se trouvant
ainsi fixée, on coupe à petits coups et avec beaucoup de ménagemens le tenon qui est sur le
couvercle. Il ne reste plus alors qu'à unir et à
polir le couvercle; quand le tout est terminé,
on détache la boîte du mandrin, et on enlève
avec soin les petites parties du mastic qui pourraient être restées dessus.

Avant de détacher les boîtes les unes des autres, il faut unir l'intérieur de la cavité dans laquelle est placée la tabatière. Pour cet effet,
on met la pièce dans le mandrin hémisphérique
qui a servi à faire la boule, et plaçant successivement les six lunettes au centre de rotation,
on enlève le bois superflu avec l'outil dont la

partie circulaire est à la courbo du cercle intérieur.

On a dû, avant de faire la tabatière, s'assurer qu'il restait assez de bois pour l'épaisseur des deux boules et la distance qui doit exister entre elles. Après donc avoir uni l'intérieur de la cavité, on divise en trois le bois qui reste, et on marque les divisions par chaque lunette avec des points et des rainures. Ensuite avec les différens crochets à ce destinés, on enlève la portion de la matière qui est au centre de l'épaisseur du bois restant, et les deux boules se trouvent ainsi détachées. Peut-être serait-il bon de mettre dans chaque lunette, à mesure que le travail est terminé, des bouchons qui, tenant les boules fermes, empêcheraient les accidens; mais quand on a la main un peu légère, cette opération est inutile. On ne doit pas manquer de polir la surface de la boule intérieure qui, tournant dans la première boule, se voit par les lunettes.

Il est facile de voir qu'au lieu de deux boules, on peut en faire trois et même quatre, en proportionnant les crochets au volume de la matière. On peut aussi orner l'extérieur des lunettes de la première boule, avec des moulures de différentes espèces, et dont le goût de l'artiste peut seul décider.

Moyen de remplacer une pointe d'étoile cassée.

Il arrive parfois qu'on casse une pointe d'étoile, pendant le travail ou après; pour ne pas perdre entièrement la pièce, voilà le moyen qu'on peut employer.

On commence par fixer l'étoile, que je suppose être renfermée dans une boule, en mettant dans chaque lunette un bouchon qui entre bien juste; on met ensuite la pièce dans un mandrin hémisphérique, et avec un ciseau à face, on enlève, jusqu'au noyau de l'étoile, tout ce qui reste de la pointe cassée. Au centre de la place qu'occupait la pointe, on fait, avec un grain d'orge, un point bien marqué, et avec une mèche de deux lignes environ de grosseur, on fait un trou de quatre à cinq lignes de profondeur, qu'on centre ensuite avec un outil de côté. Ce trou devra être percé bien droit. On prend ensuite un morceau de bois de même espèce que l'étoile, on tourne un petit cylindre un peu plus gros que la base de la pointe qu'on veut rapporter, et on fait au bout, un tenon de grosseur proportionné au trou percé sur le noyau. On trempe ce tenon dans la colle forte, on le fait entrer dans la place qui lui est destinée, et on le laisse sécher. On place ensuite le mandrin sur le tour; on coupe le petit cylindre à la longueur nécessaire, et on tourne la pointe comme les autres.

Au lieu d'un trou simple et d'un tenon, on pourrait fileter ce trou avec un peigne fait exprès et tarauder le tenon, et la pointe vissée et collée dans l'écrou serait beaucoup plus solide. Quand les dimensions sont prises, et que la pointe est bien rapportée, il est difficile de s'apercevoir de l'accident.

Pour faire des étoiles soit dans les corps solides, soit isolées, j'ai adopté la méthode donnée par Bergeron dans son Manuel du Tourneur. Cette méthode est bonne sans doute, puisqu'en la suivant on est assuré de réussir; mais elle est vétilleuse, compliquée, et demande beaucoup de temps. Combien celle que j'ai donnée pour faire une étoile à douze pointes, est plus simple, plus facile et en même temps plus courte. Deux outils suffisent, et celui qui sert à détacher l'étoile de la boule est aussi ingénieux que commode. On peut s'en servir pour toutes les étoiles. Je conseille donc aux amateurs d'étudier avec soin cette méthode qui peut leur servir pour toutes les opérations du même genre, même pour établir avec exactitude les divisions et les centres sur les boules destinées à renfermer des étoiles.

Manière de faire des colonnes torses, pleines.

Pour faire une colonne torse, on choisit un arbre de tour ayant des collets un peu longs, et qui puissent lui permettre de faire une course d'environ trois pouces. On trace ensuite, sur un cylindre de bois ou de cuivre, qui doit avoir environ 38 lignes, un filet de vis très-alongé, et on monte ce cylindre sur le pas de vis qui est pratiqué sur le bout de l'arbre qui se trouve à gauche de l'ouvrier ; on place, après cela, en face du nez de l'arbre, une poupée à pointe.

Toutes ces dispositions faites, on prend un morceau de bois de longueur et de grosseur convenables, on forme, au centre de l'un de ces bouts, un écrou, au moyen duquel on monte la pièce sur le nez de l'arbre ; et, plaçant la pointe de la poupée au centre de l'autre bout, on forme un cylindre, et on réserve sur ce même bout, un guide tourné cylindriquement.

Quand le cylindre est ainsi préparé, on ôte la poupée à pointe, et on met à sa place une autre poupée, ou plutôt une cale qui renferme un collet de bois en deux parties. Ce collet, qui peut se baisser et se monter au moyen d'une languette pratiquée à chacun de ses côtés, laquelle languette entre juste dans des rainures ménagées sur l'épaisseur intérieure de la cale, ce collet, dis-je, est maintenu par une vis de pression pratiquée au centre d'un étrier de fer placé au-dessus de la cale, et qui est fixé par un boulon traversant la poupée dans toute sa largeur. C'est dans ce collet qu'on place le guide réservé à l'un des bouts du cylindre. On sent que cette précaution est nécessaire pour soutenir la pièce, trop longue pour pouvoir être fixée solidement sur le nez de l'arbre avec un écrou seulement. On passe donc le guide dans ce collet; on met la cale à la hauteur convenable, et pour adoucir le frottement, on frotte l'intérieur de savon. Le guide doit tourner parfaitement au centre de son axe, et être emboîté dans le collet de manière à ce qu'il n'éprouve en tournant aucun ballottement.

Il s'agit maintenant de déterminer l'hélice que doit décrire l'arbre pour former la torse qui, comme on le voit, n'est rien autre chose qu'une vis alongée.

On place au-dessous du bout de l'arbre, sur lequel est fixé le premier cylindre dont j'ai parlé, une poupée à laquelle on donne communément la forme d'une colonne tronquée, et, sur cette poupée, est fixé un couteau placé de manière à ce que la lame entre dans la rainure du cylindre. Il est évident que le tour étant mis en mouvement, l'arbre et la pièce sont forcés de suivre, tant en allant qu'en venant, la ligne tracée sur le cylindre.

Quand tout est ainsi préparé, l'ouvrier place son support à sa droite, c'est-à-dire vers le bout de la pièce soutenu par la cale; il laisse vers ce

bout, une longueur suffisante pour le chapiteau,
et prenant la gouge, qu'il doit tenir un peu
ferme, il met le tour en mouvement. On sent
qu'il n'est pas possible de former la cannelure dans
toute sa lon..eur en une seule course de l'arbre ;
mais quand on l'a un peu approfondie, dans
toute la longueur que donne cette même course,
on recule le support, et on continue, en ayant
soin de faire rapporter les reprises le plus exactement possible. On continue de la même manière jusqu'à ce que la cannelure soit suffisamment approfondie. Quand on est assuré que les
surfaces du creux et du relief s'accordent bien,
on prend un ciseau, et le tenant de biais, on termine l'opération en enlevant très-peu de bois
à la fois. On ne saurait donner trop de soin et
apporter trop d'attention pour arrondir le fond
des gorges et pour terminer les cannelures, tant
par le haut que par le bas de la colonne.

Il ne reste plus qu'à tourner les moulures de
la base et du chapiteau. Sans ôter la pièce de
dessus le tour, on baisse le couteau, on lève la
clé d'arrêt du tour, et on termine la pièce. Si la
colonne doit faire partie d'une petite galerie, on
lui laisse, par les deux bouts, de quoi former
des tenons. (Voyez cette colonne, *Pl.* III,
fig. 42.)

Faire une torse à jour.

Rien n'est aussi joli qu'une colonne torse à
jour en ivoire ; mais comme cette matière est
toujours précieuse, et qu'on ne doit l'employer
que quand on est à peu près assuré du succès,
je conseille, aux commençans surtout, de s'exercer d'abord sur du bois, tel que l'ébène, le
buis, etc., en ayant soin de prendre ce bois bien

sec, bien sain, et particulièrement sans nœuds. Il est une précaution qu'on ne peut omettre sans s'exposer à perdre son temps et sa matière, c'est de ne travailler la pièce que quand on est assuré que le bois ne travaille plus. Voilà alors comment on s'y prend : on fait au centre du morceau de bois qu'on veut employer, et dans toute sa longueur, un trou avec un vilebrequin, et on le laisse travailler pendant plusieurs jours, ayant soin de le visiter de temps en temps, et surtout de le placer dans un endroit où il ne craigne, ni le soleil, ni l'humidité, ni le hâle. Quand on sera assuré que le bois ne travaille plus, on aura la certitude de pouvoir l'employer avec avantage.

Quand on veut faire une colonne torse à jour, on choisit donc, comme je viens de le dire, un morceau de beau bois, de longueur et de grosseur convenables ; on l'ébauche à la gouge sur le tour à pointes, et on en fait un cylindre. On le perce ensuite au centre et dans toute sa longueur sur le tour et à la lunette, afin que le trou soit plus droit, et ensuite on agrandit le trou avec un équarrissoir fait exprès, qui est un peu plus long que la pièce, et un peu plus fort sur la base que vers le sommet. Pour faire cette opération, on met le cylindre dans un étau, et pour qu'il ne s'écrase pas, on le prend entre deux petites planches sur lesquelles on a pratiqué des rainures demi-circulaires. Ce trou, de forme conique, très-alongé, doit être fait avec la plus grande exactitude.

Quand le cylindre est ainsi préparé, on prend un morceau de bois plus long de quatre pouces environ que ce cylindre, et on fait une broche de la même forme que le trou, et qui doit le remplir avec la plus stricte exactitude. Les

quatre pouces excédens sont destinés à former le
guide qui doit soutenir la pièce en passant dans
le collet de la cale, dont j'ai parlé dans l'article
précédent. Pour que la broche soit immuable
dans le trou, on peut mettre à chaque bout
un peu de colle forte, ou bien quelques goupilles en fer.

Je suppose qu'on veuille avoir une torse à deux
filets, et que ces deux filets doivent avoir trois
pouces de course quoique le cylindre soit un
peu plus long.

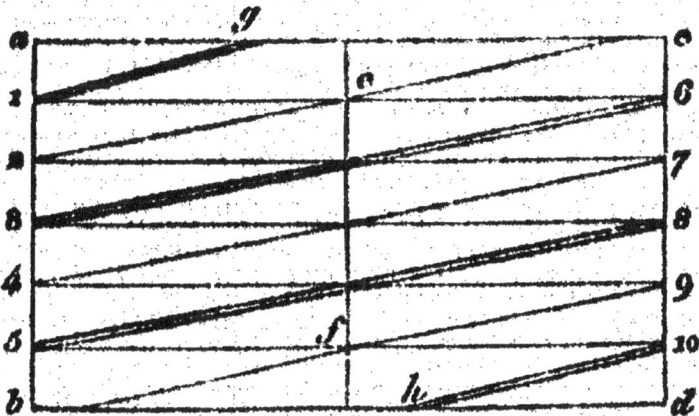

On trace, sur un morceau de papier, un parallélogramme, sur la ligne *a*, *b*. On fait en sorte
qu'il y ait trois pouces de 1 à 5 ; on divise la distance qui se trouve entre ces deux points en
quatre parties égales, et de chacun des points
de division on tire des parallèles. Après cela, on
coupe le parallélogramme sur sa longueur en
deux parties égales, de *e* en *f*, et partant du
point 5, on tire une diagonale qui aboutit au
point 8 ; puis on en tire une autre qui va du
point 8 au point 5, et on a obtenu deux tours
complets. On obtient également deux autres

tours de filet, en tirant du point *e*, une diagonale parallèle à celles déjà tracées aboutissant au point 2 ; une autre du point 7 au point 4 ; et enfin, une troisième du point 9 au point *f*. On prolonge, autant qu'il est possible, la ligne *e*, 2, la ligne 1, *g*, sur la ligne *a*, *c*; on en fait de même pour la ligne *h*, 10, sur celle *b*, *d*, et on a obtenu plus de deux tours et demi des deux filets. Si l'on veut avoir trois ou quatre filets sur la torse, on trace des parallélogrammes sur lesquels on établit le nombre des filets désirés.

Quand on a figuré sur le papier la torse qu'on veut faire, on colle sur le cylindre le parallélogramme qui doit l'envelopper exactement, et de manière à ce que les points correspondans se touchent avec la plus grande régularité ; on prend ensuite une lime tiers-point bien coupante, et avec l'angle de cette lime, on forme des rainures parfaitement égales, en suivant très-exactement chacune des lignes tracées sur le cylindre. Cette opération terminée, on fait disparaître les jarrets et reprises qui peuvent rester sur les rainures, en plaçant la pièce sur le tour avec un faux mandrin, et en promenant à mesure qu'elle tourne un tiers-point doux, dans chaque rainure.

On conçoit facilement qu'il ne s'agit pas ici du cylindre qui doit former la colonne, mais de celui en cuivre ou en bois dur, et qui se place sur la vis de l'arbre du tour, à gauche, comme je l'ai dit en parlant de la colonne pleine. Quand ce cylindre est fixe à sa place, on prend le cylindre avec lequel on doit faire la torse, on le met sur le tour, en le vissant par un bout sur le nez de l'arbre, et en passant le guide dans le collet de cale qu'on a bien frotté de savon, on baisse la clé d'arrêt, on lève le couteau qui entre

2. 11

dans la rainure de l'autre cylindre, et on opère, comme pour la colonne pleine, en reculant successivement le support, et en faisant également des reprises après chaque révolution qui n'est que de trois pouces; à mesure qu'on a vidé une cannelure, on baisse le couteau et on le met dans la rainure qui suit; enfin, quand le vide est terminé, on donne aux filets des profils qu'on varie, pour que la pièce soit plus agréable à la vue. Il est bien clair qu'en creusant les cannelures, on a dû atteindre jusqu'à la broche qui sert de mandrin au cylindre, autrement la torse ne serait pas à jour; en faisant les moulures, on doit avoir soin de présenter l'outil bien en face de la pièce.

Les reprises laissent toujours quelques petites défectuosités, pour les faire disparaître, quand les moulures sont presque terminées, au lieu de reprendre chaque course, conformément à l'opération faite, on commence en reprenant au milieu de la première course, et allant jusqu'au milieu de la seconde, et ainsi de suite.

La partie de l'ouvrage qui demande le plus d'attention, c'est celle où il faut faire accorder les filets et leurs moulures avec les formes et les dimensions du chapiteau et de la base. On chercherait vainement à terminer entièrement ces moulures avec l'outil qui a servi à tourner; alors, pour éviter une perte de temps et un travail inutile, on laisse une petite distance au bout de chaque filet, tant en haut qu'en bas, et on achève l'ouvrage avec de petites écouennes. Il faut encore beaucoup de soin et même de patience pour polir le bout des moulures. Il n'est pas facile de pénétrer dans les angles rentrans, sans les arrondir, et on court grand risque d'émousser les angles saillans, en les polissant.

On doit, en pareil cas, s'appliquer à ne point altérer les formes, et prendre, pour polir la pièce, tous les moyens qui paraissent les moins dangereux. On emploie pour le bois, avec avantage, de petits bâtons, taillés de manière à ce qu'ils pénètrent jusqu'au fond des angles; pour l'ivoire, on détrempe dans de l'eau claire, de la poudre bien fine de pierre ponce, et on promène au fond des angles, de petites planchettes minces affûtées en ciseaux bien vifs, et enfin, pour donner la dernière main, on se sert, au lieu de ponce, de blanc d'Espagne dissout dans l'eau, et purgé des graviers qui peuvent s'y rencontrer.

Pour faire le chapiteau et la base, on opère comme pour la torse pleine, c'est-à-dire que l'on tourne ces pièces sans les ôter de dessus le tour, et après avoir levé la clé d'arrêt du tour.

On peut, surtout quand on emploie de l'ivoire, épargner la matière, alors on fait le chapiteau et la base avec des morceaux séparés, et on visse ces morceaux de manière à ce qu'il soit très-difficile de s'apercevoir que la colonne n'est pas d'une seule pièce.

Quelquefois on est obligé, pour retirer la broche de l'intérieur de la colonne, de mettre la pièce dans un mandrin fendu, et d'enlever un peu de matière à l'endroit où la broche a été collée, mais cela n'endommage en rien la pièce; au reste, pour éviter cet inconvénient, on fera beaucoup mieux, comme je l'ai déjà dit, d'arrêter la broche avec des goupilles. Quand on veut placer au haut d'une colonne de ce genre, une étoile ou une autre jolie pièce de tour, ou pratique une vis au-dessus du chapiteau. (Voyez *Pl.* III, *fig.* 43 et 45.)

La manière de diviser le parallélogramme qui sert à former les filets du cylindre est celle que donne Bergeron ; on la regarde, en général, comme la meilleure, parce que les résultats en sont certains ; c'est aussi la plus simple.

Quelques observations sur la manière de tourner, en général, et sur les poulies ou bobines.

Pour tourner bien rond, sur un tour à pointes, soit à l'arc, soit à la perche, il faut que la pièce, en tournant, ait la vitesse nécessaire, et cette vitesse dépend moins du coup de pied que de la bobine ou poulie sur laquelle la corde est placée ; si la bobine est trop grosse, elle ne fait pas assez de tours ; si elle est trop petite, sa vitesse devient trop grande ; ainsi, il faut établir une proportion d'après laquelle on puisse obtenir et le nombre de tours et la vivacité nécessaires. Prenons pour exemple une bobine de deux pouces de diamètre, la marche, en descendant de dix à douze pouces tout au plus, ne lui fera guère faire plus d'un tour et demi, alors la pièce manquera de vitesse, et il sera impossible de corriger les défauts qu'elle pourrait présenter, surtout d'emporter ce qui est hors de rond. Le coup de pied peut faire descendre la marche avec précipitation, mais il n'augmentera pas le nombre des tours ; si la pièce ayant deux pouces de diamètre, la bobine n'a qu'un pouce et demi, elle fera dans le même temps que celle de deux pouces un plus grand nombre de tours, et donnera plus de rapidité.

Il s'ensuit que pour les pièces d'un petit dia-

mètre, comme d'un ou deux pouces, la bobine
doit avoir tout au plus le diamètre de la pièce,
et jamais davantage, et que, pour opérer sûrement, la bobine doit même être plus petite.
Quand on veut tourner une pièce un peu forte,
on a soin de la prendre un peu plus haut qu'il
faut, alors on pratique, sur l'un des bouts, une
bobine d'un diamètre beaucoup plus faible que
celui de la pièce, et quand cette pièce est finie,
on coupe la bobine; j'ai dit plus haut qu'il fallait observer une juste proportion, parce que si
la bobine était trop petite, en voulant éviter un
défaut, on tomberait dans un autre.

Il est des circonstances où, au lieu de tenir la
bobine plus faible que la pièce, on est obligé de
lui donner un volume plus considérable, par
exemple, quand les pièces sont très-minces ; alors,
il suffit qu'on puisse donner à la bobine trois
tours de rotation.

Quand on tourne à la grande roue un morceau de cuivre ou de fer un peu fort, il ne faut
pas se servir du grand diamètre, car alors, la
pièce tournerait beaucoup trop vite, et l'outil
n'ayant pas le temps d'entamer la matière, il se
polirait, et bientôt il ne couperait plus du tout.
Le moyen le plus sûr qu'il y ait à prendre, c'est
de mettre la corde pour le bois, sur le plus
grand des deux cercles, et pour le fer, sur le
plus petit. On peut calculer de même la proportion qui doit exister pour le tour en l'air entre
la roue de volée et la bobine, et ne jamais donner à la bobine que le sixième du diamètre du
volant.

Manière de dégraisser les limes.

Parfois la denture d'une lime, encore très-

bonne, se remplit de petites parties de fer, de
cuivre ou de bois, ce qu'on appelle s'engraisser,
et cette lime dans un tel état ne peut plus servir. Pour la dégraisser, il suffit de faire une petite lessive de cendre, de la mettre dedans pendant quelques instans, de la retirer ensuite, de
la faire sécher au feu, de la frotter avec une
brosse forte; par ce moyen, elle reprendra tout
son mordant. On se sert plus avantageusement
encore de potasse fondue dans l'eau chaude.

Mastic du tourneur.

On trouve du mastic tout préparé chez une
infinité de marchands; mais comme il ne faut
rien négliger de ce qui peut tendre à l'économie,
je vais donner la manière de le composer soi-
même.

On prend deux livres de résine sèche,
             une livre de poix de Bourgogne,
             deux onces de cire jaune;
on fait fondre le tout ensemble, en ayant soin
d'agiter continuellement, pour que les matières
se mélangent bien les unes avec les autres, et
quand le tout ne forme plus qu'un seul corps,
en retire le vase du feu. Les uns conservent le
mastic en pains, d'autres en forment des bâtons.
Sous quelque forme qu'on le mette, le mastic
ainsi composé se fond par le seul effet du frottement, et n'est pas moins solide que celui qu'on
faisait autrefois avec de la brique pilée ou du
blanc d'Espagne, de la résine et de la poix.

En parlant du mandrin à mastic, j'ai donné
la manière de se servir, ou plutôt de coller les
pièces sur le mandrin à mastic.

Manière de préparer la colle forte.

La colle est une matière très-importante pour les tourneurs, mais surtout pour les tabletiers et les ébénistes; il est plus intéressant qu'on ne pense de la bien préparer et de la bien appliquer, car si souvent une pièce se décolle, c'est que la colle a été mal fondue ou mal appliquée.

Les menuisiers, les facteurs d'orgues, etc., font tout simplement fondre leur colle à feu nu, dans une quantité d'eau proportionnée à celle de la colle. Cette méthode réussit très-souvent sans doute, mais elle n'est pas sans inconvéniens. Elle a surtout un grand désagrément, c'est que la colle s'attache en montant contre les bords du pot, et y forme une croûte qui n'est plus bonne à rien. Malgré cela cette méthode est assez généralement suivie.

On prétend que la meilleure manière de préparer la colle forte, est de la faire fondre au bain-marie, après l'avoir concassée et laissée tremper, du soir au matin, dans une quantité suffisante d'eau; on a soin, avant de mettre la colle au bain-marie, de jeter tout l'eau qu'elle n'a pas imbibée : on se sert ordinairement, pour faire fondre la colle, d'un vase de cuivre étamé; cette méthode a ses partisans et ses adversaires, mais il n'en est pas moins vrai qu'elle réussit très-bien.

Si l'on veut que les joints d'une pièce de couleur tendre paraissent peu, on se sert de colle de poisson dissoute dans de l'eau chaude; on y mêle, si l'on veut, une très-petite quantité de bon vinaigre blanc.

Il est constant que la colle prend mal sur une

pièce de bois bien polie; on voit assez communément la colle appliquée sur ces sortes de surfaces, se lever en feuilles minces et transparentes presque aussitôt qu'elle est sèche. On peut, par un moyen assez simple, parer à cet inconvénient; c'est de mettre dans la colle un peu de miel; l'expérience a prouvé qu'on réussissait très-bien par ce moyen.

Quelques observations sur l'huile.

L'huile dont on se sert pour le tour, mérite aussi une attention toute particulière; cette huile doit être d'olive et de très-bonne qualité, car autrement elle sèche sur la pierre, ce qui fait qu'on ne peut bien affûter les outils; elle s'épaissit au collet de l'arbre, aux axes des roues, et par cela même nuit à la facilité des mouvemens; on met ordinairement l'huile dans une burette de fer-blanc, dont la base est large, et qui est couverte avec un couvercle à charnière.

De la corde du tour.

La corde dont on se sert pour le tour doit être d'une grosseur moyenne, qu'on calcule ordinairement sur un diamètre de trois lignes ou environ; quand elle est trop menue, elle s'use en très-peu de temps; en général, la corde d'un tour ne dure guère. Quand elle commence à blanchir, on la frotte avec une éponge légèrement mouillée, mais cette précaution ne prolonge pas beaucoup sa durée. La corde à boyau serait incontestablement la meilleure, mais comme elle est très-chère, il est rare qu'on s'en serve pour les tours à pointes; elle est au contraire

fort en usage pour le tour en l'air, et pour tous
ceux qu'on fait mouvoir avec une corde sans fin.

Manière de donner différentes teintes aux loupes de frêne.

M. Paulin Delormeaux dit, en parlant des bois,
qu'il y a trois espèces bien prononcées de loupes
de frêne, la blanche, la brune et la rousse, et
que dans chacune de ces trois espèces, on distingue aussi deux parties, l'une qu'il nomme rou-
cée, et l'autre flammée.

La loupe brune, qu'il nomme ainsi, parce que
le fond de sa couleur est sombre, ne demande
aucune préparation particulière, ses nuances
ressortent naturellement quand elle est tournée
et bien polie. On a coutume de la laisser long-
temps dans des mares d'eau stagnante avant de
l'employer, et c'est là ce qui rembrunit sa couleur.

La loupe rousse est également belle par elle-
même, et les caustiques ajoutent peu de chose à
ses couleurs agréables; cependant, ne fût-ce que
pour la variété, on peut la teindre au moyen des
procédés chimiques.

La loupe blanche, qui est la plus estimée, est
susceptible de prendre différentes couleurs plus
agréables les unes que les autres; elle offre des
nuances très-multipliées, et qui varient suivant
le caustique qu'on applique dessus.

Pour donner à la loupe une couleur verte, il
prend, au fond de l'auge de la meule d'un tail-
landier, de la boue encore imbibée d'eau, il la
met dans un vase de terre, il verse dessus du vinaigre bien fort, en quantité suffisante pour qu'il
surnage de quelques lignes, et il laisse le tout re-

poser pendant cinq ou six heures ; au bout de ce temps-là, il décante la liqueur, et elle est bonne à employer. On peut la conserver long-temps en la mettant dans une bouteille de verre bien bouchée.

La boue qui reste au fond du vase n'est pas perdue ; on verse dessus de nouveau vinaigre, et ce vinaigre, après avoir infusé du jour au lendemain, sert pour donner la couleur brune.

On peut encore donner à la loupe une couleur brune plus foncée ; mais alors il faut l'humecter quand elle est polie, avec une teinture, et la frotter par-dessus avec le caustique suivant :

Quand on a tiré au clair le second vinaigre, on en remet dans le vase une troisième fois ; on y ajoute un peu de boue fraîche, et on laisse le tout reposer jusqu'à ce que le vinaigre se soit totalement évaporé, et que la matière soit entièrement sèche : on verse alors du vinaigre dans le vase ; on délaie la matière qui s'y trouve, ayant soin de ramasser et de faire tomber dans le fond celle qui est autour, et on laisse reposer le tout pour donner au vinaigre le temps de s'éclaircir. On prend ensuite une bouteille bouchée à l'émeri, on y met une quantité d'acide équivalent au quart de la liqueur, ou du vinaigre, et on verse ce vinaigre dessus. On sent que la bouteille doit être bouchée avec grand soin.

Comme les caustiques ne s'appliquent que quand la pièce est dressée et polie, il ne s'agit plus, avant de mettre le vernis, que de frotter cette pièce, quand elle est sèche, d'abord avec de la poudre très-fine de ponce, et ensuite avec du tripoli et du papier brouillard.

On peut se servir, pour la loupe d'érable, des

caustiques dont je viens de parler, et surtout du premier ; il donne au bois une couleur plus rembrunie. On emploie aussi avantageusement, pour la loupe de buis, le troisième caustique que j'ai indiqué pour la loupe de frêne, en ayant soin de faire précéder ce caustique par une teinture de bois d'Inde.

Il existe différens procédés pour former sur le buis, sur l'érable, et sur d'autres bois, au moyen de l'eau forte, des dessins fort agréables ; mais la connaissance de ces procédés, appartenant particulièrement aux tabletiers, je n'ai pas cru devoir entrer à ce sujet dans des détails incompatibles avec les bornes de mon ouvrage ; j'ajouterai seulement relativement au buis, qu'il est beaucoup plus beau employé naturellement que mis en couleur (1).

CHAPITRE XIX.

DIFFÉRENTES RECETTES ET DIFFÉRENS PROCÉDÉS RELATIFS A L'IVOIRE, A L'ÉCAILLE, AUX BOIS, etc.

Manière de blanchir l'ivoire jauni.

On emploie, pour blanchir l'ivoire jauni, plu-

(1) On peut d'ailleurs consulter à cet égard l'Art du Tourneur de M. Paulin Desormeaux, qui a le premier fait connaître ces moyens de colorer les bois.

sieurs procédés qui conduisent tous au même résultat. Le plus simple, mais aussi le plus long, c'est de le laisser pendant quelque temps exposé à la rosée, sur le gazon, en ayant soin de le préserver de l'ardeur du soleil.

Un autre moyen, qui réussit parfaitement, c'est de mettre dans une quantité d'eau suffisante, assez d'alun pour blanchir cette eau, de la faire bouillir un instant, et d'y jeter les pièces d'ivoire jauni; on les y laisse environ une heure, ayant soin de les brosser à différentes fois avec des brosses un peu fortes, et ensuite on les fait sécher lentement en les enveloppant d'un linge mouillé, car autrement elles pourraient se fendre.

La meilleure méthode est peut-être celle que je vais indiquer. On met dans un vaisseau en bois, percé par le fond, un morceau de chaux vive, avec une demi-livre environ de cendre gravelée; pour que les pièces qu'on veut blanchir ne touchent pas à la chaux, on les place sur des baguettes, disposées à cet effet, dans le vaisseau; on verse sur la chaux de l'eau à trois fois différentes : cette eau, froide la première fois, doit être tiède la seconde, et bouillante la dernière. On couvre alors exactement le vaisseau, afin que la vapeur que produit la chaux en s'éteignant, puisse pénétrer l'ivoire. Pendant cette évaporation, l'eau jetée dans le vaisseau filtre à travers un bouchon de paille mis dans le trou qui, comme je l'ai dit plus haut, doit avoir été fait dans le fond, et tombe dans un vase placé en-dessous. On rejette cette même eau sur les pièces d'ivoire qui doivent alors baigner dedans. Au bout de cinq à six heures on retire les pièces, on les frotte avec une brosse un peu dure qu'on a trempée dans de l'eau fraîche, et l'ivoire presque toujours a repris sa blancheur naturelle. Comme dans la méthode précédente, il est bon d'envelopper les pièces dans un linge mouillé, et de les faire sécher lentement.

Manière de teindre l'ivoire et les os.

On prend de la limaille de cuivre, de l'alun de roche et du vitriol romain ; on fait infuser le tout ensemble dans de bon vinaigre, pendant sept à huit jours. Au bout de ce temps, on décante la liqueur, et on la met dans un autre vase ; on y ajoute un peu d'alun de roche, et la couleur qu'on veut avoir ; puis on fait bouillir l'ivoire ou l'os jusqu'à ce qu'il soit coloré comme on le désire.

Manière de teindre en rouge les os et l'ivoire.

On prend ce qu'on appelle de la tonte d'écarlate, une certaine quantité, et on la fait bouillir dans de l'eau. Quand l'eau bout, on ajoute de la cendre gravelée environ quatre onces, et on laisse le tout sur le feu jusqu'à ce que l'eau soit suffisamment colorée. On ajoute de l'alun de roche, et on passe la liqueur dans un linge. On trempe après cela les pièces qu'on veut teindre dans de l'eau-forte mitigée avec de l'eau pure, puis on les jette dans la teinture.

Si l'on voulait faire des dessins ou des marbrures sur les pièces, il suffirait de les enduire de cire, et de graver dessus, les parties seulement qui doivent prendre la couleur.

Teindre les os en vert.

On met dans un vaisseau de cuivre, du vert-de-gris broyé, avec de bon vinaigre; on ferme le vaisseau le plus hermétiquement possible, et on le place dans du fumier chaud, ou bien dans une étuve : on peut également le mettre au-dessus d'un four ou sur la cendre chaude; au bout de quinze jours les os seront parfaitement teints.

Teindre l'ivoire en vert.

Pour bien teindre l'ivoire en quelque couleur que ce soit, on doit commencer par le faire bouillir, dans un bain d'eau ordinaire, avec du sulfate de fer (de la couperose) et du salpêtre.

On teint l'ivoire en vert avec la préparation suivante : on prend environ un litre d'une bonne lessive de cendre de sarment; on y joint une once et demie de beau vert-de-gris pulvérisé, une poignée de sel ordinaire, et un peu d'alun de glace, et on fait réduire le tout à moitié sur le feu : on retire le vase: on met les pièces dans la teinture, et on les y laisse jusqu'à ce qu'elles aient bien pris la couleur.

Teindre l'ivoire en bleu.

On fait dissoudre dans de l'eau, de l'indigo et de la potasse; on mêle cette décoction avec un litre environ de lessive de cendre de sarment: on y plonge les pièces qu'on veut teindre, et on les y laisse le temps nécessaire pour qu'elles soient coloriées.

Teindre l'ivoire en noir.

On met, dans une pinte de bon vinaigre, quatre onces de noix de galles pulvérisée, et même quantité de brou de noix, on fait réduire le tout à moitié, et on fait bouillir l'ivoire dans cette teinture. Le noir sera plus beau si l'on fait tremper quelque temps l'ivoire dans de l'eau où l'on a fait dissoudre de l'alun.

Manière de teindre le bois.

Faites infuser, pendant sept à huit jours, dans de très-fort vinaigre, de la limaille de cuivre, du vitriol romain, du vert-de-gris, et de l'alun de roche; faites bouillir le bois dans cette composition; et vous obtiendrez un assez beau vert.

Pour teindre en rouge, vous supprimerez le vert-de-gris, et vous le remplacerez par du bois de Brésil.

Pour le jaune, on se sert de la graine d'Avignon, ou du raucourt.

L'indigo dissout avec l'acide vitriolique donne une couleur bleue.

On se sert pour faire la couleur, d'un vaisseau de terre vernissé.

Il est une infinité d'autres manières de teindre les bois; mais les bornes de cet ouvrage ne nous permettent pas d'entrer dans de plus longs détails.

Manière de teindre les loupes de buis.

Il est presque toujours nécessaire de faire

ressortir les accidens des loupes de buis, dont les couleurs ne présentent pas assez d'opposition. Voici le moyen qu'on emploie avec plus de succès :

On commence par donner aux morceaux de loupes la forme de tabatières, laissant assez de bois pour pouvoir les tourner et les remettre au rond. On met ces tabatières ainsi ébauchées dans l'eau, pendant une huitaine de jours ; chaque jour on change l'eau, et on lave bien les tabatières. Au bout de huit jours, ou dix tout au plus, on les retire de l'eau, on les enveloppe dans du linge, et on les fait sécher lentement en les tenant renfermées, parce qu'autrement elles se fendraient. Quand elles sont suffisamment sèches, on les remet au tour, et on leur donne à peu près la forme qu'elles doivent avoir en dernier lieu.

On fait tremper une seconde fois, pendant deux ou trois jours, les boîtes dans une dissolution d'alun de Rome, qui doit être froide ; on met ordinairement un quarteron d'alun pour quatre pintes d'eau.

Si l'on veut donner une couleur rouge, on prend une livre de copeaux ou de râpures de bois de Fernambouc, que l'on met tremper le soir ; le lendemain, on fait bouillir ces copeaux dans huit pintes d'eau, on laisse réduire la liqueur à moitié ; on y mêle une demi-once d'alun de Rome, et on retire le vase du feu. Quand la teinture est froide, on la passe, et on fait tremper les boîtes dedans pendant quatre jours.

Pour les autres couleurs, on suivra la méthode indiquée ci-dessus pour l'ivoire et l'os.

On doit toujours avoir la précaution de faire

sécher les boîtes lentement, et de les accoutu-
mer insensiblement à l'air ; quand elles sont assez sèches, on leur donne la dernière façon sur
le tour.

Autre méthode.

On termine la boîte, et on la polit. On met
les couleurs les unes après les autres avec un
pinceau ; on les laisse sécher, et on polit la boîte
avec de la ponce très-fine. Cette opération doit
être réitérée à chaque couleur qu'on donne ;
quand on a mis la dernière, qui est la dominante, et qu'elle est suffisamment sèche, on polit également la boîte avec la ponce, mais ensuite
avec du tripoli d'Angleterre et un peu d'huile :
enfin, pour la dégraisser, et lui donner sa perfection, on la frotte fortement avec de la pierre
ponce, ou du tripoli très-fin.

Manière de faire disparaître les trous et les cre-
vasses qui se trouvent presque toujours dans
les loupes d'orme, de frêne, etc.

Comme je l'ai dit, en parlant des bois propres au tour, on rencontre presque toujours dans
les loupes, des trous et des crevasses qu'il est
nécessaire de faire disparaître : pour y parvenir,
on fait une pâte avec du vernis au pinceau, réduit sur un bain de sable ; de la sandaraque, et
de la poussière très-fine du bois même qu'on
veut tourner ; on bouche tous les trous avec cette
pâte qui, composée de la substance même du
bois, ne paraît presque pas et prend très-bien le
vernis.

On emploie une autre méthode que voici : on

forme un mastic avec de la colle forte et de la sciure de quelque bois rouge, tel que l'acajou, le bois rose, etc.; on remplit les trous avec ce mastic; puis on y enfonce à petits coups de marteau des chevilles de bois de toutes couleurs, qu'on a auparavant trempées dans la colle. Quand le tout est bien sec, on coupe les chevilles avec une petite scie, aussi près de la surface de la pièce qu'il est possible; mais comme il reste toujours quelques excédans, on les fait disparaître avec un ciseau bien tranchant, et pour rendre cette opération plus facile, on remonte la pièce sur le tour.

Quand les crevasses sont trop grandes, on les remplit avec des pièces du même bois, alors on peut enduire le trou et la pièce avec le mastic dont j'ai parlé, et qui est composé avec le vernis en pinceau.

Manière d'empêcher le bois vert de se fendre.

Pour empêcher le bois de se fendre, il suffit de le faire bouillir dans une lessive légère, faite avec de la cendre de bois neuf; environ pendant une heure; après ce temps-là, on retire le vase du feu, et on laisse le bois dans la lessive jusqu'à ce qu'elle soit froide. Il faut avoir soin de faire sécher la pièce à l'ombre.

Manière de durcir le bois.

Quand on a donné à la pièce la forme qu'elle doit avoir, on la fait bouillir dans l'huile, quelques instans seulement, car autrement le bois deviendrait cassant.

Manière d'amollir la corne.

On amollit la corne de différentes manières :
1° On fait bouillir, dans une quantité d'eau
suffisante, huit onces de tartre, quatre onces de
sel marin, une livre de cendres gravelées, et
deux livres de chaux vive (on peut, suivant le
besoin, augmenter ou diminuer les doses pro-
portionnellement); on fait réduire la liqueur au
tiers, et ou jette dedans de la corne râpée.
On continue de faire bouillir jusqu'à ce que la
corne soit suffisamment amollie, alors on la retire de la lessive, et ou la jette dans le moule,
qu'il est bon d'avoir fait chauffer un peu auparavant.

2° On se contente parfois, et ce moyen réussit également, de faire bouillir la corne râpée
dans une forte lessive de cendres gravelées et
de chaux.

3° Quand on veut pétrir la corne, on la râpe
et on la met environ pendant quarante-huit heures dans une lessive clarifiée, faite avec parties
égales de chaux vive et de cendres à faire le
verre, et qu'on a laissé réduire au tiers ; deux
pintes d'eau suffisent pour une livre de cendres
et autant de chaux. Pour pétrir la corne qui se
trouve alors absolument en bouillie, on est
obligé de se frotter les mains avec de l'huile.

Lorsque la corne est amollie, on lui donne
la couleur qu'on désire avant de la jeter au
moule.

4° Il est une autre manière bien simple, c'est
de faire bouillir la corne dans un chaudron, avec
six pintes d'eau et une once d'huile, n'importe
de quelle espèce.

Donner à la corne la ressemblance de l'écaille.

On forme une pâte avec de la lessive de savon, une partie de litharge et deux parties de chaux vive ; on couvre de cette pâte les parties de la corne qu'on veut colorer, et on laisse sécher. Quand la pâte est bien sèche, on l'enlève avec une brosse. Les parties où il n'a pas été mis de pâte étant transparentes, et les autres ne l'étant pas, il en résulte des nuances semblables à celles de l'écaille.

On obtient le même résultat en appliquant sur la corne, une bouillie faite avec de la litharge d'or, de la chaux vive et de l'urine ; on met ordinairement deux parties de litharge sur une de chaux.

Moyen d'amollir l'ivoire.

Sans doute, avec les acides, on parvient à amollir l'ivoire, mais on n'a pas encore trouvé le moyen de lui rendre sa forme première et sa dureté ; l'ivoire amolli, n'est plus qu'une espèce de gélatine, dont on ne peut tirer aucun parti. Je ne parlerai donc pas d'un procédé qui ne conduit à aucun résultat.

CHAPITRE XX.

DIFFÉRENS VERNIS.

Ne pouvant donner ici la composition de tous les vernis, je me bornerai à parler de ceux qni sont le plus en usage, et qu'il est nécessaire de connaître dans une infinité d'occasions; j'enseignerai aussi la manière de les appliquer.

C'est des Indes Orientales que nous viennent les plus beaux vernis, parce que c'est là que se trouvent la laque, la sandaraque, la gomme arabique, et toutes les autres gommes qui servent à donner le poli et le brillant aux surfaces unies sur lesquelles on les applique. On fait aussi entrer avec avantage dans la composition des vernis, le karabé, ou succin qui se recueille sur les côtes de la mer Baltique.

Vernis propre à être appliqué sur les ouvrages en bois, sans les ôter de dessus le tour.

On prend un litre d'esprit-de-vin, ou d'alcool à 40 degrés, un gros de térébenthine sèche, un demi-gros de sang-dragon, un demi-gros de sandaraque, un gros de camphre, trois onces de benjoin, et quatre onces de gomme-laque; on met le tout dans un matras, de la contenance de deux litres, et qu'on ferme bien exactement avec un parchemin mouillé. Quand le parchemin est sec, on y fait, avec une grosse épingle, une vingtaine de trous. On fait ensuite dissoudre la mixtion au bain-marie, ayant soin d'agiter le matras de temps à autre; quand le tout est bien dissout, on retire le matras, on laisse refroidir la liqueur, on la filtre à travers une serge, et on la conserve dans des bouteilles.

Quand on veut vernir une pièce, on la polit à la ponce et au tripoli à l'huile; on l'essuie bien ensuite avec un linge fin et propre, afin d'enlever bien exactement, dans toutes les parties de la pièce, le tripoli à sec, dont on s'est servi après celui à l'huile : on prend, après cela, un tampon de coton cardé, on verse dessus, une quantité de vernis proportionnée à la pièce qu'on veut vernir ; on y ajoute une goutte d'huile d'olive, et, mettant le tour en mouvement, on promène légèrement le tampon sur toutes les parties de la pièce. Une couche suffit quand les pores du bois sont serrés ; dans le cas contraire, on applique une seconde couche quand la première est bien sèche, c'est-à-dire un grand quart-d'heure après.

Ce vernis a l'avantage de ne point altérer les couleurs, et de donner au bois, un brillant qui ne se ternit presque jamais.

Vernis français.

On fait digérer, au bain-marie, dans un matras, deux onces de sandaraque, deux onces de gomme-laque mêlées avec une livre d'esprit-de-vin rectifié. Quand la dissolution est bien faite, on passe la liqueur dans un linge, et on la met dans une bouteille.

Ce vernis peut être employé avec toutes les couleurs, mais avant de s'en servir il est indispensable d'enduire à chaud, la pièce qu'on veut vernir, avec de l'essence de térébenthine et de la sandaraque mélangées, et qu'on a fait digérer sur le feu dans un vase de terre vernissé. On met ordinairement cinq parties de sandaraque sur huit de térébenthine ; on ne doit mettre le vernis sur la pièce que quand la couche du mélange ci-dessus est bien sèche,

Vernis de gomme-laque.

On met dans un fort matras, ou dans une cucurbite de verre, une pinte d'esprit-de-vin tifié, on y joint cinq onces de gomme-laque ien choisie, on bouche bien le matras, on le met sur le fourneau dans un bain de sable, ayant soin que toute la partie du vase qui contient la matière soit couverte par le sable, et on fait bouillir le tout au moins pendant trois heures. On laisse ensuite refroidir la liqueur, on la passe dans un linge et on la met dans des bouteilles que l'on bouche avec un bouchon ciré.

On peut mélanger ce vernis avec des couleurs de toute espèce, mais il faut que les couleurs soient très-fines et pulvérisées à sec ; on doit aussi avoir soin de n'en détremper qu'une petite quantité, car si le vernis restait plus de cinq minutes exposé à l'air, il se durcirait.

Si l'on veut imiter le corail, on prend du vermillon bien pur, on le broie, on le jette dans de l'urine claire, et on en fait une pâte; quand cette pâte est sèche, on la met en poudre et on la conserve, en mêlant une quantité suffisante de cette poudre avec du vernis, on obtient une couleur qui ressemble parfaitement au corail. Pour faire sécher la pâte de manière à ce qu'elle ne conserve aucune humidité, on la met sur la craie blanche.

Pour la couleur noire il suffit de mélanger avec du vernis, du noir fait, soit avec du noir de fumée, soit avec du bois de noyaux de pêche. Voilà comment on fait ce noir : on remplit un cylindre de fer ou un canon de pistolet, de noir

de fumée, ou de bois de noyaux de pêche, on
lutte les ouvertures, on met sur le feu le cylindre, et on l'y laisse jusqu'à ce que le noir et le
bois des noyaux soit réduit en charbon. On
met ensuite ce noir en poudre, et on le garde
dans un endroit où il puisse se conserver très-sec.

Le vernis dont il est ici question, a besoin
d'être étendu avec de l'esprit-de-vin, car autrement il serait trop épais; quand on veut s'en
servir, on le met sur des cendres chaudes ou
au soleil, puis on le verse dans une bouteille
de verre qu'on bouche bien exactement, et on
le laisse reposer; au bout de quelque temps, on
retire de la bouteille la partie qui est claire,
et on la remplace par une nouvelle quantité
d'esprit-de-vin; on continue de la même manière jusqu'à ce qu'il ne reste plus rien dans la
bouteille.

Quand on veut appliquer le vernis sur du
carton ou du bois tendre, on commence par
donner à la pièce deux couches de colle miné-
rale : sans cette précaution on ne réussirait
jamais.

Vernis anglais.

Ce vernis, quand il est bien employé, devient extrêmement dur; il se compose de la
manière suivante : on prend deux livres d'esprit-de-vin, on y joint une once de mastic en
larmes, et gros comme une noisette de gomme
élémi; on y ajoute ensuite huit onces de sandaraque lavée dans de l'esprit-de-vin, et on fait
dissoudre le tout dans un fort matras, sur des
cendres chaudes; quand la dissolution est faite,
on jette dedans une once d'essence de térébenthine, et gros comme une noix de camphre.

Vernis de la Chine pour toutes sortes de couleurs.

On pile ensemble deux gros de gomme-copal, deux gros de sandaraque et une once de karabé bien blanc; on met une once de ce mélange dans trois onces d'esprit-de-vin, et on fait bouillir le tout dans un matras bouché avec une vessie, jusqu'à ce que la poudre soit parfaitement fondue; quand le vernis est fait, on peut s'en servir avantageusement.

Pour employer ce vernis, on commence par donner au bois, qui doit être bien poli, une couche de la couleur qu'on a choisie, et qu'on a détrempée avec de la colle de poisson dissoute à l'esprit-de-vin ou dans d'excellente eau-de-vie, quand cette couleur est bien sèche, on applique successivement autant de couches de vernis qu'il est nécessaire, en ayant soin de laisser sécher chaque couche avant d'en appliquer une autre; enfin, quand la dernière couche est bien sèche, il ne reste plus qu'à polir la pièce.

Manière de dissoudre le karabé pour les vernis.

Le karabé, qu'on nomme autrement succin ou ambre, se dissout très-difficilement. Cependant on parvient à obtenir sa dissolution par le moyen suivant, choisi parmi plusieurs autres.

On met dans un mortier de cuivre une quantité quelconque de karabé, et on le pile avec les précautions qu'on prend ordinairement quand on pile des matières qui s'écrappent facilement sous le pilon. Quand le karabé est pilé, on le met dans un matras qu'on a soin de bien boucher; on enterre le matras jusqu'au cou dans la cendre chaude ou dans du sable; on pousse d'abord un peu le feu, et on l'augmente successivement et par degrés, ayant soin d'agiter souvent la matière avec un bâton. Quand le karabé est fondu, on le verse dans un petit plat de terre vernissé, dans lequel on aura fait chauffer de l'huile de lin ou de l'essence de térébenthine, et on remue bien le tout avec un bâton, car autrement la gomme s'épaissirait et redeviendrait très-dure; quand la gomme est bien étendue et liquide, on la laisse refroidir et on la conserve dans des fioles pour s'en servir au besoin. Cette dissolution est elle-même un assez beau vernis.

Manière d'appliquer les couleurs claires.

Quand la surface que l'on veut peindre aura été polie de manière à être unie comme une glace, on applique dessus le plus également qu'il est possible, une couche de blanc de plomb bien broyé, et avec lequel on aura bien mêlé un peu de bleu de Prusse, pour donner un œil plus blanc; on laisse sécher la pièce et on la polit; on se sert du vernis pour toutes les couleurs claires.

Manière d'appliquer les couleurs foncées.

Pour le noir, et toutes les couleurs foncées, on délaie dans un godet, du noir de fumée avec de gros vernis de gomme-laque; on donne à la pièce, successivement, avec cette préparation, trois couches qu'on a soin de laisser sécher à mesure qu'on les applique; quand la dernière couche est donnée, on laisse la pièce sans y toucher pendant dix à douze heures, après cela on donne trois nouvelles couches de la même manière que la première fois, on laisse encore sécher la pièce pendant dix à douze heures, et ensuite on recommence de même une troisième fois, mais on laisse sécher l'ouvrage au moins six ou sept jours.

On broie ensuite sur le marbre, du noir d'ivoire, et on donne un premier poli avec de la prèle en poudre et de l'eau. On peut indifféremment se servir pour frotter, ou de brosse, ou de feutre, sur lequel on verse de l'essence de térébenthine, et on l'emploie avec le second vernis de gomme-laque, dont j'ai parlé précédemment, c'est-à-dire celui qui a été tiré à clair le second. On donne avec le noir d'ivoire, autant de couches qu'on le juge à propos; on peut en porter le nombre jusqu'à neuf: on donne ces couches comme les précédentes, de trois en trois, et laissant toujours sécher l'ouvrage à mesure que chaque couche est appliquée. Quand la couleur est bien sèche, on polit la pièce une seconde fois, après l'avoir laissée sans y toucher pendant une huitaine de jours. Au bout de ce temps-là, on donne cinq ou six couches, et toujours de la même manière, avec du noir d'ivoire mêlé de gros vernis laque; ensuite on ôte les plus grosses ondes en frottant la pièce avec un morceau de drap saupoudré de blanc d'Espagne pulvérisé. On laisse reposer la pièce pendant une quinzaine de jours, et on la polit de nouveau. Enfin, on applique quinze à seize couches du vernis de

gomme-laque; le premier tiré, ayant soin toujours de laisser sécher ces couches, au fur et
à mesure qu'elles sont appliquées, et après
avoir laissé reposer l'ouvrage pendant quelque
temps; il est susceptible d'avoir un très-beau
poli.

Le rouge demande quelques précautions que
n'exigent ni le brun ni le violet; ces deux couleurs se donnant absolument comme le noir.

Pour le rouge donc, on donne à la pièce,
neuf à dix couches avec de beau vermillon
délayé dans du vernis clair; quand ces couches
sont sèches, on polit l'ouvrage; puis on met
dans un petit nouet de linge fin, de beau car-
min, avec de la laque fine bien broyée. On
verse, dans un godet, du vernis le plus clair;
on trempe le nouet dans ce vernis, et on le
presse entre les doigts jusqu'à ce que le vernis
soit devenu d'un beau rouge, et on donne,
avec ce vernis. neuf couches. Il est inutile de
répéter qu'on doit laisser sécher la pièce après
que chaque couche a été donnée. On termine
enfin par donner une douzaine de couches avec
le vernis le plus clair, et par polir la pièce.

Il faut avoir le soin de ne laisser sur la surface qu'on vernit, aucun corps étranger, et
d'enlever avec une aiguille, les différentes ordu-
res qui pourraient tomber dessus avant que le
vernis soit sec.

Manière de polir les vernis.

Pour donner le dernier poli au vernis, on
prend un morceau de drap bien doux, on le
trempe dans l'eau, dans laquelle on a délayé du
blanc d'Espagne très-fin, et on frotte un peu

fort, mais cependant pas assez pour échauffer le vernis ; quand on a répété l'opération plusieurs fois de suite, on emporte le blanc qui peut rester, avec une éponge mouillée, et on laisse sécher la pièce : quand elle est sèche, on la frotte sur toute sa surface avec un linge fin et sec, qu'on a trempé dans de l'huile d'olive, aussi pur qu'il est possible de l'avoir ; enfin, on termine en enlevant les restes de l'huile, avec un linge fin et bien doux.

Pour le vernis blanc, on ne donne qu'un seul poli.

Manière de décoller facilement deux pièces de bois qu'on a été forcé de réunir ensemble, avant de les travailler.

On enduit de colle les deux surfaces qui doivent être jointes ensemble, et entre ces surfaces, on met une feuille de papier gris un peu fort. Quand les pièces sont tournées, on passe entre, la lame d'un couteau, ou bien un morceau de fer plat, et. le papier se partageant en quelque sorte, les pièces se trouvent séparées sans aucun effort.

Méthode de bronzer le cuivre.

On commence par faire recuire et dérocher d'avance les pièces qu'on veut bronzer, ensuite on fait bouillir deux pintes d'eau, et on y mêle deux gros de terra-merita ; on a soin de remuer le mélange, et d'empêcher qu'il ne s'échappe en montant au-dessus des bords du vase ; quand on n'a plus rien à craindre sous ce rapport, on jette les pièces dans la liqueur, et

on retire le vase du feu; on prend ensuite les
pièces les unes après les autres, et on les plonge
dans de l'acide nitrique (eau forte), dans lequel on a fait dissoudre une petite quantité de
suie et de sel marin, on remue un instant, puis
on retire les pièces, qu'on lave à deux reprises
dans de l'eau bien claire. Pour faire sécher les
pièces, on les met dans de la sciure de bois, ou
dans du poussier de mottes de tanneur; il ne
reste plus alors qu'à brunir les parties unies ;
on se sert, pour cet effet, d'eau de savon noir,
ou bien de pierre sanguine avec du vinaigre.

Manière d'argenter le cuivre.

Faites dissoudre parfaitement un gros d'argent de coupelle ou d'argent battu, dans une
petite quantité d'eau forte; d'un autre côté,
réduisez en poudre impalpable, deux gros de sel
blanc ordinaire, et deux gros de crême de tartre.
(Tartrite acidule de potasse.)

Quand l'argent sera dissout, mettez le tout
sur le feu, et faites évaporer lentement l'acide.
Lorsque vous n'aurez plus dans le fond du
vase, qu'une bouillie claire, vous y mêlerez vos
poudres.

Vous prenez ensuite un bouchon bien fin, et
vous étendez de cette bouillie sur la pièce que
vous voulez argenter, et que vous aurez en soin
de tenir bien propre, et surtout dégagée de
tout corps gras; deux couches appliquées de
la même manière, suffisent pour argenter parfaitement une pièce de cuivre. Pendant cette
opération, vous faites chauffer de l'eau claire
dans laquelle vous mettez un peu de cendres
gravelées ou de potasse; vous trempez la pièce,

puis vous la retirez et vous la jetez dans l'eau tiède; enfin, après l'avoir encore passée dans de l'eau de pluie ou de rivière, froide, vous la faites chauffer modérément et vous l'essuyez avec un linge blanc, bien fin. La pièce, après toutes ces opérations, doit être parfaitement argentée.

Il ne faut pas négliger une précaution très-importante, c'est de ne pas respirer la vapeur de l'eau forte quand elle s'évapore, et de ne pas y porter les doigts, car, dans le dernier cas, on se brûlerait, et dans le premier on s'exposerait au danger de périr.

Manière de dorer le cuivre.

On prend un vase de faïence ou de porcelaine, on y met du mercure avec des feuilles d'or battu, et on broie le tout ensemble, jusqu'à ce qu'on ait obtenu une pâte qui est ordinairement d'un jaune blanchâtre; on étend ensuite, le plus également possible, avec un pinceau, de cette pâte, sur la pièce que l'on veut dorer, et l'on met cette même pièce sur un feu doux; quand on s'aperçoit qu'elle a pris la couleur d'or, on la trempe dans une terrine pleine d'urine, puis on la frotte avec une gratte-brosse de cuivre, sans la retirer, c'est-à-dire en la tenant toujours dans l'urine. Quand la couleur est bien égale partout, on lave la pièce à l'eau froide et on l'essuie. Il faut bien prendre garde que la chaleur ne soit assez forte pour donner du recuit à la pièce; en se servant d'un feu de mottes à brûler, on ne craindra pas cet inconvénient; on doit aussi éviter de respirer la vapeur du mercure. On doit faire cette opé-

ration dans un endroit séparé, et dans lequel il
ne se trouvera aucun objet d'or.

Vernis pour les figures de plâtre.

Toute l'opération consiste à appliquer sur le
plâtre, plusieurs couches d'une espèce de vernis fait avec de l'eau, de beau savon et de la
cire blanche, la plus belle qu'il soit possible
de trouver. Pour une pinte d'eau, on met quatre
gros de chacune des deux autres substances, on
fait fondre le tout ensemble; quand le plâtre a
été enduit à différentes reprises avec le vernis,
on laisse sécher la figure, et quand elle est bien
sèche, ou la frotte bien exactement sur toutes
les parties avec un morceau de mousseline dont
on s'est enveloppé le doigt.

Manière de faire le mastic de tour.

On prend deux livres de blanc d'Espagne
pulvérisé, deux livres de poix de Bourgogne
ou poix blanche, et deux onces de cire jaune;
on fait fondre ensemble la poix et la cire, en
remuant bien le tout avec un morceau de bois;
quand la poix et la cire sont bien mélangées,
on retire le vase du feu, et on jette dedans le
blanc d'Espagne, ayant soin de remuer sans
discontinuer, afin que le mélange se fasse
mieux; quand le blanc est bien mêlé on remet
le vase sur le feu sans discontinuer de remuer;
un instant après, on jette le mélange dans une
terrine pleine d'eau fraîche, puis on le retire,
on le pétrit ensuite pendant long-temps, rame-
nant toujours l'extérieur vers l'intérieur; quand
il est assez pétri, on le met en bâton ou bien

on lui donne la forme qu'on juge à propos; à mesure que chaque bâton a été roulé sur une pierre unie, on le jette dans l'eau fraîche. Ces différentes opérations veulent être faites avec beaucoup de promptitude.

Nota. J'ai donné ailleurs une autre manière de faire le mastic du tourneur; mais, comme ces deux méthodes ne sont pas les mêmes, on pourrra choisir celle qui conviendra le mieux.

FIN DU SECOND ET DERNIER VOLUME.

VOCABULAIRE

DES TERMES EMPLOYÉS.

DANS LE

MANUEL DU TOURNEUR.

A.

Affiler, donner le fil aux outils.

Affiloirs, pierres dont on se sert pour affiler les outils.

Affleurer, être sur la même ligne.

Affûter les outils, les rendre coupans.

Anneau, l'une des pièces principales qui servent à mouler l'écaille, la corne, etc.

Arbre du tour, pièce principale du tour en l'air, qui porte l'ouvrage, et sur laquelle sont empreints les pas de vis.

Arc, pièce faite avec plusieurs lames de fer ou de bois, et qui remplace la perche.

Arête, vive-arête, angle coupant pratiqué sur le bord d'une pièce de bois.

Arraser, faire affleurer.

Aubier, partie du bois qui est placée au-dessous de l'écorce, et qui ne peut servir pour le tour.

B.

Bague, tour de la bague qui s'exécute au moyen d'une boîte à double calotte.

Balustre ou *pilastre*, pièce faisant portion d'une rampe.

Base, partie inférieure d'une colonne.

Batte, cercle d'écaille ou de corne formant la gorge d'une tabatière.

Boîtes de feuilles, tabatières faites de deux morceaux d'écaille.

Boîtes de drogues, tabatières faites de râpure d'écaille et de très-petits morceaux.

Borax, sel servant à souder et à braser le fer.

Boudin, espèce de moulure.

Braser, réunir deux ou plusieurs morceaux de fer au moyen de la soudure.

Brouter, broutement, mouvement de tremblement qui a lieu quand le support est trop éloigné, ou qu'il n'est pas solidement établi.

Burin, outil propre à tourner le fer et l'acier.

C.

Cale d'un support, pièce à bois debout, sur laquelle pose l'outil, et qui est fixée à la chaise du support.

Calibre, feuille de bois, de cuivre, etc., découpée de manière à servir à mesurer des courbes, des moulures, etc.

Cambre, terme dont on se sert pour désigner une courbe.

Chaise du support, partie qui est fixée à la semelle par un boulon.

Chanfrein, plan incliné à deux autres.

Chantourner, scier en rond.

Clés de tour, petites pièces mobiles qui servent à faire avancer l'arbre suivant les vis.

Clé d'arrêt, on nomme ainsi celle qui saisit l'arbre dans une rainure, et l'empêchant d'avancer ou de reculer, ne lui permet qu'un mouvement circulaire.

Clé de poupée à vis ou à clavette, est celle qui retient la poupée sur l'établi.

Collets, parties cylindriques d'un arbre en fer.

Cône, figure de géométrie, ayant la forme d'un pain de sucre.

Congé, espèce de moulure.

Corde sans fin, c'est celle dont les deux bouts sont réunis de manière à ce qu'ils ne paraissent pas.

Corroyer le bois, le dresser avec la varlope ou le rabot.

Coulisse, pièce qui glisse entre deux coulisseaux de fer ou de cuivre.

Coup de maître, entaille profonde faite dans le bois avec l'angle de l'outil, et qui gâte la pièce qu'on tourne.

Coussinets, espèces de paliers, en métal ou en bois dur, qui maintiennent les collets de l'arbre.

D.

Darder, se dit d'un outil qui sillonne le bois au lieu de le couper uni.

Débiter le bois, tirer tout le parti possible d'une pièce.

Décaper, dégraisser avec un acide la surface des métaux.

Dégauchir une pièce de bois, la redresser.

Dégraisser les limes, les nétoyer avec de la potasse, etc.

Déjeté (bois), pièce de bois qui se courbe après avoir été dressée.

Dérocher, nétoyer avec de l'eau seconde, des pièces de fer ou de cuivre soudées ou fondues.

Dévêtir, faire sortir de l'anneau une pièce moulée.

Dodécaèdre, solide régulier dont chaque face est un pentagone.

Doubler une tabatière, la garnir en dedans d'écaille, etc.

Doucine, espèce de moulure.

E.

Ebaucher, dégrossir le bois.

Ebiseler, dresser, ôter le biseau.

Ecarrissoir, espèce de mèche à plusieurs pans.

Ecuelle d'une vis, vide qui se trouve entre les filets.

Echoppe, espèce de burin.

Ellipse, espèce d'ovale dont les deux bouts sont semblables.

Embase, renflement servant d'appui.

Encastrement ou *noyure*, terme dont on se sert pour désigner la manière dont une tête de vis entre dans l'épaisseur du bois, pour affleurer sa surface.

Ensubles ou *ensuples*, cylindre de bois entrant dans la construction d'un métier à broder.

Entrée (donner de l'), diminuer un peu le

bout d'un morceau de bois destiné à faire une vis.

Epaulement, partie pleine qui se trouve entre deux mortaises.

Epissure, réunion de deux bouts de la corde sans fin.

Etirer le fer, l'allonger.

Etriers, pièces de fer qui embrassent les poupées pour recevoir les vis de pression.

Excentrer, tourner une pièce sur un centre différent que celui qu'on lui a donné en commençant à la tourner.

F.

Fer à cheval, fer qu'on place sur la poupée de devant d'un tour pour y placer la plaque ovale.

Fer (donner du), faire saillir le fer d'un rabot par la lumière.

Feuillure, angle rentrant dans le bois.

Fil (bois de), c'est celui dont les fibres sont dans le sens de sa longueur.

Fil, donner le fil à un outil, le rendre tranchant.

Filet d'une vis, partie pleine qui se trouve entre les écuelles.

Fileter, faire une vis ou un filet avec le peigne.

Filière, outil servant à faire des vis.

Flache, défectuosité dans une pièce de bois.

Forer, un morceau de bois ou de fer, le percer.

Fraise, outil dont on se sert pour noyer la tête d'une vis.

Fraiser un trou, l'évaser près de son orifice, pour y noyer la tête d'une vis.

Frette, cercle de fer mis au bout d'un morceau de bois pour l'empêcher de se fendre.

Fût d'un outil, sa moulure.

G.

Galet, plaque qui sert à mouler le bois, l'écaille, etc.

Gauchir, se dit d'une pièce qui prend une courbure différente de celle qui lui avait été donnée dès le principe.

Gaudron, cordon.

Goutte, ornement d'architecture.

Goutte de suif, courbe très-aplatie.

Goujon, espèce de tenon rond que l'on fait entrer dans un tube pour le tourner à l'extérieur.

Grelettes, petites écouanes à denture fine.

Gripper, frottement qu'éprouvent deux métaux en roulant l'un sur l'autre.

Grume (bois en), qui a encore son écorce.

Guillocher, faire des dessins au tour.

H.

Hélice, ligne que décrit le filet d'une vis.

Hexaèdre, l'un des cinq corps solides réguliers.

Huit de chiffre, compas d'épaisseur.

Hyperbole, figure qui résulte de la section d'un cône.

I.

Icosaède, l'un des cinq corps solides réguliers.

Incruster des cercles, les noyer de manière à ce qu'ils affleurent la surface de la tabatière.

J.

Jantes, pièces de bois courbes qui entrent dans la formation d'une roue.

Jarret, *jarreler*, coudes résultant de deux lignes qui se rencontrent.

Jauger un cylindre, en prendre l'épaisseur avec un compas.

Jeter en sable, mouler dans le sable le cuivre ou autre métal quand il est fondu.

Joue, épaisseur de bois qui se trouve de chaque côté d'une mortaise.

L.

Lanterne, pièce évidée dans son centre, et qui a des ailettes.

Langue de carpe, forme qu'on donne à un foret destiné à percer le cuivre.

Lardon, pièce de fer qu'on interpose entre une vis et la pièce contre laquelle elle appuie.

Louche ou *bondonnière*, outil propre à accroître un trou.

Loupes, excroissances qui viennent sur les bois.

M.

Mâchoires d'un étau, parties qui pincent la pièce qu'on a besoin de tenir solidement.

Maître à danser, espèce de compas d'épaisseur dont une partie est ronde, et ressemble à celle d'un 8 de chiffre, et l'autre semble avoir deux jambes, les pieds en dehors.

Mandrin, pièce en bois ou en cuivre qui se monte sur le nez de l'arbre, et à l'aide de laquelle on maintient le morceau de bois ou d'ivoire qu'on veut tourner.

Mèche, outil servant à percer, et qui se monte sur un vilebrequin.

Mèche anglaise, outil coupant sur trois faces, et servant aussi à percer le bois.

Molettes pour gaudronner, instrument servant à faire sur des baguettes, sur des gorges, etc., des ornemens qu'on nomme gaudrons.

Montans, pièces de bois placées perpendiculairement.

Morfil, bavure qui reste au taillant des outils qui ont été affûtés sur la meule.

Mouchette, fer de rabot affûté circulairement.

Mouche, outil à faire des mouches rondes ou à plusieurs feuilles.

Moulures, ornemens d'architecture.

Moustaches, pinces à long bec servant à tenir le fer qu'on veut forger, dans le fourneau.

N.

Nez de l'arbre, partie de l'arbre du tour sur laquelle se vissent les mandrins.

Noyer une vis, l'enfoncer de manière à ce

que sa tête affleure seulement la surface de la pièce.

O.

Octaèdre, corps solide régulier.
Ondes, traces que l'outil laisse sur le bois.
Onglet, joint coupé en diagonale.

P.

Panne, partie amincie d'un marteau.
Papier de verre, papier sur lequel est collé du verre pilé servant à polir le bois.
Parabole, figure résultant de la section d'un cône, faite obliquement à sa base.
Paillon, feuille d'argent ou d'étain.
Parallèles, deux lignes tirées sur le même plan.
Pas de vis, c'est la même chose que le filet.
Parallélipipède, solide dont toutes les surfaces sont parallèles.
Patin ou *semelle*, pièce de bois placée à plat sur la terre et sur laquelle on assemble un bâti composé de montans et de liens.
Peigne, outil servant à faire des vis et des écrous sur le tour.
Pied-douche, partie inférieure d'un vase.
Plane, couteau à deux manches.
Plate-forme, machine servant à diviser sur le tour.
Plinthe, moulure d'un piédestal.
Plinthe, partie inférieure d'un piédestal.
Pilastre, colonne carrée.
Polyèdre, figure solide à plusieurs surfaces.
Polygone, figure plane à plusieurs côtés.

Presle, espèce de jonc marin servant à polir le bois.

Profil, élévation du plan d'un ouvrage.

Q.

Queue d'aronde (assembler à), assemblage de deux pièces de bois.

Queue de rat, lime ronde.

Queue de renard, outil propre à percer.

R.

Rebours (bois de), on appelle prendre le bois de rebours, le travailler à contre-fil.

Recaler, redresser les faces d'un tenon ou d'un joint quelconque.

Recouvrement, saillie d'une pièce sur une autre avec laquelle elle est assemblée.

Recuire le fer ou *l'acier*, en adoucir la trempe en le remettant au feu.

Repère, marque qu'on fait à deux pièces qu'on a besoin de séparer, pour les réunir ensuite et les mettre dans la même position.

Replanir, terminer une pièce avec le racloir ou le rabot.

Revenir, faite revenir le fer ou l'acier, c'est à peu près la même chose que le recuire.

Riflard, petite varlope.

Rochoir, boîte dans laquelle on met le borax.

S.

Sauterelle, fausse équerre.

Semelle, partie du support qui pose sur l'établi.

Sergent, outil servant à assembler des joints.

Soie, partie d'un outil qui entre dans le manche.

Solides (corps), figures de géométrie.

Support, partie du tour sur laquelle est appuyé l'outil de celui qui tourne.

Support à chariot, pièce extrêmement compliquée servant particulièrement pour les tours composés.

T.

T, boulon à large tête servant à fixer le support sur l'établi.

Tailloir, partie carrée qui couronne un chapiteau.

Talon, le derrière d'une moulure.

Tampon, espèce d'outil servant au moulage de l'écaille.

Taraud (à bois ou à fer), vis servant à faire les écroux.

Tarrière, mèche à percer, plus grosse que celle qui s'adapte au vilebrequin.

Tasseau, instrument servant à mouler.

Tête de moine, clous dont la tête n'est presque pas formée.

Tête (d'un marteau), partie la plus grosse.

Tétraèdre, l'un des cinq solides réguliers.

Tiers-point, espèce de lime faite en triangle.

Tige, portion d'un outil qui suit immédiatement la soie.

Tore, espèce de moulure.

Torse, forme donnée à une colonne.

Touche, touche d'acier ou d'ivoire qui porte entre les rosettes d'un tour à guillocher.

Touret, espèce de petit tour auquel s'adapte une mèche ou un foret, qu'on fait mouvoir avec un archet quand on veut percer une pièce de fer.

Tourne à gauche, levier double au moyen duquel on fait mouvoir les taraux un peu forts.

Trait de Jupiter, assemblage de menuiserie.

Tranché (bois), bois dont le fil n'est pas parallèle à sa surface.

Trempe à paquet, tremper à la fois plusieurs objets placés dans une boîte de fer fermée et lutée.

Triangle, figure qui résulte de la section d'un cône, perpendiculaire à sa base, partant du sommet.

Triboulet, espèce de mandrin en cône très-allongé.

Triglyphes, ornemens d'architecture.

V.

Valet, fer coudé avec lequel on maintient les pièces de bois sur l'établi.

Varin, espèce de presse en bois.

Vérin, instrument propre à lever de très-gros fardeaux.

Voliches ou *voliges*, planches minces de bois blanc.

FIN DU VOCABULAIRE.

APPENDICE.

RELEVÉ *raisonné de tout ce qui a paru d'intéressant dans les journaux scientifiques français
et étrangers, les rapports des Sociétés scientifiques, d'encouragement et autres, concer-
nant l'art du tourneur en bois et en métaux,
et du mécanicien-ajusteur, pour servir de supplément à la 2ᵉ édition du* MANUEL DU TOUR-
NEUR ;

PAR MAPOD, TOURNEUR-MÉCANICIEN.

CE relevé épargnera aux travailleurs des recherches longues et pénibles pour ceux qui n'ont
pas l'habitude de les faire ; beaucoup de personnes même ne pourraient nullement s'y livrer,
parce qu'on ne saurait l'entreprendre sans avoir
à sa disposition des ouvrages chers et volumi-
neux, dans lesquels on ne rencontre souvent sur
une vingtaine de forts volumes in-4°, que deux
ou trois articles rentrant dans l'objet des recherches, parce qu'il faut avoir entre les mains des
collections de journaux scientifiques et industriels, dont il est difficile qu'un ouvrier, nous ne
dirons pas possède l'ensemble, mais même connaisse l'existence. Nous croyons donc nous être
livrés à un travail utile en réunissant dans quelques pages des documens intéressans qui restaient
inconnus, ou qui, disséminés et épars, ne pouvaient produire le bien qui naîtra de leur réunion et de leur rapprochement. Nous n'avons eu
d'autre mérite que de feuilleter et de copier, la
plupart du tems, mot à mot. Nous avons seule-

ment joint quelques réflexions et des figures, lorsque nous avons cru remarquer que l'explication et la figure données dans l'ouvrage auquel nous empruntions n'étaient pas suffisante, en ayant soin toutefois de séparer d'une manière claire et qui ne laissât pas d'équivoque, nos additions dont nous sommes responsables, du texte et des figures empruntés que nous avons toujours conservés intacts.

Comme nous n'avions point d ordre à suivre dans le classement des articles, nous les avons insérés au fur et à mesure de leur rencontre.

Coloration des bois indigènes. — Vernis. — Moyens de conservation.

« Les procédés pour teindre les bois, sont en général peu connus. Les fabricans qui les emploient en font un secret, et on ne trouve nulle part un traité méthodique et complet sur l'art de colorer les bois ; c'est pour remplir cette lacune que M. Cadet de Gassicourt s'est livré à un grand nombre d'expériences dans lesquelles il a examiné (1).

_____

(1) Nous rapportons les expériences curieuses de M. Cadet, parce qu'elles pourront servir à guider les recherches ultérieures et à empêcher de suivre inutilement une route qui a déjà été plus fructueusement explorée : ces moyens, dont les fabricans faisaient alors un système, sont à présent connus ; ils ont été publiés par M. Paulin Desormeaux, et il en a été dit, d'après lui, quelques mots dans le t. 2, p. 286-290 du Manuel. Il reste cependant encore aujourd'hui beaucoup d'essais à tenter et d'expériences à faire, non plus sur

« 1° L'action des couleurs végétales sur seize
espèces de bois, savoir le frêne, l'érable, le sycomore, le hêtre, le charme, le platane, le tilleul, le tilleul d'eau, le tremble, le peuplier, le
poirier, le chêne, le noyer, l'acacia, l'orme et
le châtaignier.

les teintures, elles ont été à peu près toutes essayées
mais sur les couleurs qui sont le résultat du mélange
d'acides étrangers avec les acides propres à chaque
espèce de bois. Nous pensons que cette route est la
seule qui pourra conduire à un but réellement satisfaisant. En effet, le transport d'une couleur quelconque sur le bois, c'est ce que nous nommons les teintures, présente bien des difficultés et exige des moyens
que les ouvriers mettent difficilement en pratique.
Les cuves, le feu, les fours à desséchement, etc.,
sont peu applicables aux pièces de bois d'un grand
volume : les teintures sont superficielles, fugaces, et
il nous a toujours semblé que des vernis transparens
et colorés étaient des moyens plus sûrs de coloration,
et les remplaçaient avec d'autant plus d'avantage
qu'ils peuvent s'appliquer immédiatement sur le bois
lorsqu'il est poli et séché au tripoli. La teinture dépo-
lit le bois lorsqu'on l'applique dessus, et il faut le
polir de nouveau pour y appliquer le vernis. Sur certains bois tendres et poreux, le merisier, le noyer et
autres, la teinture peut prendre de l'épaisseur en pénétrant dans les pores, et le poli ne l'enlevant pas entièrement, il peut en rester quelque chose ; mais la
teinte, le chatoyement, le reflet, ont toujours moins
d'intensité que lorsqu'on a employé un vernis coloré
qui n'altère point la netteté du veinage et ne change
point l'aspect du bois. Nous pensons donc que pour
la majorité des cas, les couleurs transportées sur le
bois sont d'un mauvais effet. Nous avons en France
des bois superbes qui peuvent rivaliser avec toute espèce de bois. Les loupes de frêne, d'orme, d'érable

« 2° L'action des couleurs métalliques sur ces mêmes bois.

« 3° Les changemens opérés sur les couleurs par les réactifs et les mordans.

« 4° Il a cherché quels étaient les vernis les plus avantageux.

---

et autres, couleur naturelle, ont soutenu la concurrence lors de la dernière exposition des produits de l'industrie, avec ce que l'acajou et les autres bois exotiques produisent de plus beau : seulement les meubles confectionnés avec les bois recueillis sur notre sol sont plus chers que ceux dont le bois a traversé les mers. Ce fait paraît incroyable et cependant il existe. Nous avons recherché les causes de cette différence dans les prix, et nous pensons que l'exposé de nos conjectures ne sera pas sans intérêt, puisque de leur appréciation pourront naître les moyens de faire baisser le prix de nos bois à meubles.

Entre tous les bois exotiques que nous employons, l'acajou tient incontestablement le premier rang par la grande consommation qui en est faite : il est même le seul dont il soit fait un commerce spécial; les autres bois, si l'on en excepte ceux de teinture, dont nous n'avons pas à nous occuper, ne sont qu'un objet accessoire dans les chargemens; c'est donc sur l'acajou seul que nous devons fixer notre attention.

Ce beau bois est produit en abondance dans les parties du continent Américain et dans la plupart des îles avec lesquelles les européens sont ordinairement en communication. Il est à très-bas prix dans le pays, et le cas qu'on en fait en Europe, l'immense consommation qui a lieu, la demande sans cesse renouvelée, en amènent de toutes parts d'immenses quantités sur les marchés; de là naît la concurrence entre les vendeurs et la possibilité pour les acheteurs de trouver un rabais presque continuel, et tel, que le prix du bois lui-même n'est presque rien, et que les frais d'a-

« 5° Le mode d'opérer le plus commode et le plus prompt.

« Nous ne rapportons ici que les principaux résultats qu'il a obtenus.

« Relativement à l'emploi des couleurs vé-

---

battage et de transport sont les seuls qui entrent en compte. Tout autre bois exotique, moins beau que l'acajou, coûterait plus cher sur le pays, parce qu'il faudrait dépenser du tems pour le chercher et qu'il faudrait organiser un transport particulier. L'acheteur prendra toujours de préférence de l'acajou pour son chargement, parce que c'est une marchandise connue, appréciée, dont il sait d'avance qu'il se défera en arrivant, à tel prix, avec tel bénéfice ; et comme en arrivant dans les ports d'Europe il retrouve la même concurrence qui était à son avantage dans les ports d'Amérique, mais qui maintenant combat l'exagération qu'il pourrait mettre dans ses prétentions, il est obligé de se contenter d'un gain raisonnable et prévu, ainsi le prix de l'acajou se maintient peu élevé dans nos ports. Remarquons en même temps que l'acajou offre plusieurs qualités recommandables. Il possède une belle couleur, il est tantôt veiné, tantôt moucheté, toujours soyeux, chatoyant, et jouant la lumière qu'il reflète agréablement ; il est sain, compacte, donne des billes énormes, sans fentes ni gerces, se débite aisément, offre des facilités pour le placage, prend un beau poli, reçoit le vernis avec la plus grande facilité : qualités dont l'ensemble peut, jusqu'à un certain point, justifier l'engouement dont il est l'objet.

Le débitant des villes de l'intérieur trouve donc à très-bon marché, dans les entrepôts maritimes, de bon acajou qu'il fait débiter en placage ; assuré qu'il est d'en trouver toujours une défaite, ne promettant pas d'énormes bénéfices ; mais en donnant de réguliers et prévus.

gétales, il a essayé l'infusion aqueuse de bois de
brésil, celle de campêche, de garance, de curcuma, de gomme-gutte, de safran, de rocou et
d'indigo.

« La décoction de Bois de brésil lui a donné
sur le sycomore la nuance de l'acajou jaune et

Si donc vous demandez à un ouvrier un meuble
d'acajou : sa marche est tracée à l'avance ; il envoie
son apprenti chercher le placage nécessaire, il se met
de suite à l'ouvrage, il le livre moucheté, veiné,
flammé tel qu'on lui a demandé. Voyons maintenant
ce qu'il aura à faire si le consommateur, guidé par
un goût plus raffiné, lui commande un meuble de
loupe de frêne roncé, de loupe d'aune ou d'orme,
ou de tout autre bois indigène.

Il sera obligé d'aller d'abord lui-même chez les
quatre ou cinq marchands qui existent dans la capitale, qui tiennent de ces bois, pour trouver avec
grande peine, non point un placage tout scié, on
n'en rencontre presque jamais, mais une bille propre
à produire ce placage. S'il parvient, après beaucoup
d'allées et venues, à trouver ce qu'il cherche, il faudra payer ce morceau de bois, vendu au poids, le
prix qu'il plaira au marchand de fixer, puis l'envoyer
à la scierie où on lui prendra plus cher pour débiter
cette bille en placage, attendu que ce bois est plus
dur, plus résistant que l'acajou. Lorsqu'il aura son
placage débité, il ne pourra pas l'appliquer sur un
bâti faible comme il le ferait pour l'acajou, le tirage
et la force du placage étant plus considérables ; pendant tout le cours du travail d'un bois plus dur et
qu'il n'est point habitué de couper, il lui faudra faire
des pertes de tems, ce qui est la denrée la plus chère,
en affûtage et ajustage, attendu que ces bois durs,
noueux et quelquefois picotés, exigent des soins dont
il est dispensé lorsqu'il travaille un bois plein et égal
comme l'acajou. On concevra facilement que relati-

brillant, et sur le noyer blanc une teinte d'acajou rouge.

« La décoction de curcuma a donné à l'érable
une couleur assez brillante pour imiter le bois
jaune satiné d'Amérique; celle de gomme-gutte
dans l'essence de térébenthine, a donné l'aspect

---

vement à son salaire il devra être plus élevé pour un
meuble plus beau et qui lui aura donné plus de peine,
surtout lorsque l'achat de la matière première aura
été fait à un prix plus élevé.

On demandera peut-être comment il se fait qu'un
morceau de loupe d'orme ou de frêne venant à Paris
de la Franche-Comté ou du Berri, y coûte plus cher
qu'une bille d'acajou de même grosseur venant d'A-
mérique. La réponse est facile.

Le marchand, sans se déplacer, fait venir de l'en-
trepôt la bille d'acajou : il lui suffit d'une lettre pour
cela ; il faut un voyage bien dirigé pour trouver les
loupes de bois français, il faut souvent acheter un arbre entier dont le tiers seulement est roncé; il faut
retirer du bûcher d'un paysan ignorant un arbre précieux destiné à être brûlé. Si ce n'est pas le marchand
qui a pris ce soin, un autre l'a pris pour lui, et le prix
du bois a monté, et d'autant plus monté que la matière est rare.

Il ne doit donc pas paraître étonnant qu'un meuble
en bois français coûte plus cher que le meuble pareil
en bois d'Amérique.

Si le goût des beaux meubles en bois d'une couleur
tendre se soutient, nous ne tarderons pas à voir diminuer considérablement le prix des bois indigènes,
les cultivateurs sentiront qu'il est de leur intérêt de
favoriser leur reproduction. L'if, le frêne roncé,
l'orme tortillard, le têtard d'aune ne sont pas, comme
on l'a cru, des êtres isolés, des monstres. Il existe
une variété du frêne qui se loupe toujours et qui est
roncée jusques dans le cœur; en étêtant les ormes,

du jaune satiné des Indes ; rien m'a paru mieux
imiter l'acajou que le sycomore imprégné de l'infusion de rocou dans de l'eau chargée de potasse.

« Dans l'emploi des couleurs métalliques,
M. Cadet a effacé les muriate, prussiate et sulfate de fer, les nitrate et sulfate de cuivre, le sulfate acide de cobalt précipité par l'eau de savon :
ce dernier lui a donné sur le sycomore, une
nuance d'un brun clair, qui, par le poli, a pris
le plus bel aspect.

« Il s'est aussi occupé des mordans les plus
usités, tels que l'alun et le muriate d'étain ; ils
ont généralement foncé le rouge donné avec le
bois de brésil, rendu violette la couleur provenant du campêche, légèrement rougi, la garance, et point altéré le curcuma.

« Parmi les réactifs, les alcalis, les acides, les
sels métalliques lui ont servi à varier les nuan-

---

ils deviennent ronceux et tortillards ; il en est de
même des aunes, des érables sur lesquels les loupes
ont une tendance marquée à s'étendre : la culture,
la situation, le terrain, une foule d'autres circonstances observées avec soin, conduiraient l'agriculteur à la science de la reproduction des arbres roncés. Déjà, pour les menus objets de tour et de tableterie, tels que coffrets, nécessaires, dévidoirs, etc., le
bois français a surpassé l'acajou ; préféré avec raison
pour la beauté du veinage et la douceur des teintes,
il est livré au même prix : espérons qu'il viendra un
temps où les grands meubles obtiendront le même
avantage. C'est plutôt vers ce résultat que vers la
teinture des bois que doivent se diriger les efforts de
ceux qui veulent encourager le perfectionnement de
nos produits.

cea, l'alcide sulfurique a donné une couleur éclatante de corail au brésil et au campêche.

M. Cadet cherchant à donner un aspect brillant à ces bois, a observé qu'ils restaient ternes si on ne les recouvrait d'un vernis. Celui qui a le mieux réussi est composé de huit onces de sandaraque, deux onces de mastic en larmes, huit onces de gomme-laque en tablette, et deux pintes d'alcool de trente-six à quarante degrés, il ajoute à ces ingrédiens, pour les bois très-poreux, quatre onces de térébenthine ; on concasse les gommes, les résines, et l'on opère leur dissolution par une agitation continuelle sans le secours du feu....... « M. Cadet indique la manière d'appliquer le vernis sur le bois coloré et poli à la presle, laquelle consiste à l'imbiber légèrement d'huile de lin, qu'on essuie bien avec une étoffe de laine, du papier gris ou de la sciûre de bois; on le frotte ensuite d'abord légèrement avec un morceau de gros linge usé imbibé de vernis, que l'on renouvelle lorsque le linge paraît sec en continuant jusqu'à ce que les pores du bois soient bien couverts, enfin on verse un peu d'alcool sur un morceau de linge propre, et l'on frotte légèrement jusqu'à ce que le bois ait pris un beau poli et un éclat spéculaire : deux ou trois couches de vernis suffisent pour les bois qui ont les pores serrés... etc. »

(Bulletin de la Société d'encouragement pour l'industrie nationale, 9ᵉ année, page 301. Décembre 1810.)

Les anglais ont répété les expériences de M. Cadet. Voici l'extrait du *farmers magazine*, janvier 1827, publié dans le bulletin de la société d'encouragement de Paris, année 1827, page

296. Cet article pourrait bien être la traduction faite en Angleterre de l'article que nous venons de transcrire ; cependant, comme nous n'avons pas de certitude à cet égard, qu'il est intéressant de comparer les résultats, et que l'article anglais contient des renseignemens plus étendus, nous le soumettons à l'examen de nos lecteurs.

Moyen de teindre diverses espèces de bois.

Pour que le bois prenne la couleur bien également, on doit d'abord le planer et ensuite le polir avec de la pierre ponce ou autrement. Il doit encore être réduit en bandes ou en plaques mince, pour qu'il puisse être recouvert par le bain colorant. On recommande de tenir le bois dans un lieu chaud, ou même dans une étuve pendant 24 heures, afin d'en chasser l'humidité. Lorsqu'on a beaucoup de bois à teindre, il convient d'avoir une grande chaudière de cuivre qu'on assujettit dans une maçonnerie en briques. On fait agir les différens bains de teinture sur le bois jusqu'à ce que la couleur ait pénétré d'un quart de pouce. Quand il arrive que le bois est trop épais pour être plongé entièrement dans le bain, on l'imprègne quatre ou cinq fois de suite de la matière colorante avec un pinceau doux, ayant soin de laisser sécher chaque couche de couleur avant d'en ajouter une nouvelle.

Pour donner au bois de sycomore la couleur d'acajou clair, on le fait bouillir avec le bois de brésil, avec addition de garance ; si l'on alune le bois avec l'emploi du brésil, et qu'on ajoute ensuite du verdet, on a la couleur de grenade ; en faisant bouillir avec le brésil, et traitant ensuite avec l'acide sulfurique faible, il en résulte une teinte de corail. Une solution de gomme-gutte dans l'essence de térébenthine donne au sycomore la couleur citron, bouilli avec la garance, et ensuite avec l'acétate de plomb il prend un aspect brun marbré, que l'on peut encore changer en un vert veiné par l'action de l'acide sulfurique faible.

« Le sycomore teint avec le campêche seul, imite l'acajou foncé; mais si le bain de campêche est très-chargé, et qu'on traite ensuite le bois avec une solution de verdet, il devient noir.

« L'érable teint avec le brésil, imite l'acajou clair; avec le curcuma, on obtient du jaune; avec du campêche, de l'acajou foncé; avec le campêche, puis l'acide sulfurique faible, on obtient la couleur corail; le campêche, précédé de l'alunage, donne une couleur brune; il donne une couleur noire lorsqu'on emploie ensuite le verdet.

« Le peuplier teint avec du brésil et de la garance, imite l'acajou foncé.

« Le bois de hêtre teint avec le curcuma, devient jaune; avec la garance et ensuite l'acide sulfurique faible, on obtient un vert veiné; le même bois, d'abord aluné, teint ensuite avec le campêche, devient brun.

« Le tilleul teint avec le curcuma et le muriate d'étain, devient orange; avec la garance puis l'acétate de plomb, on a du brun veiné; avec un bain de garance très-chargé et ensuite du verdet, on obtient du noir.

« Le poirier teint avec la gomme-gutte et le safran, devient d'une couleur orange foncé.

« Le charme teint avec le bois de brésil ou le campêche, et traité ensuite par l'acide sulfurique faible, imite la couleur du corail.

« L'orme teint avec la gomme-gutte ou le safran, imite le bois de gaïac.

« Lorsque les bois sont teints, on les fait sécher à fond, et on les polit convenablement. »

*Moyen de préparer les bois d'acajou de ma-
nière à les garantir des influences de l'atmosphère.*

On sait que les Anglais fabriquent tous leurs
meubles d'acajou en bois plein, tandis que chez
nous on est dans l'usage de les plaquer, ce qui
permet d'obtenir des ronçures et des veines agréables et variées. Lorsque ce placage est bien fait,
il est tout aussi solide que le bois plein ; mais il
faut avoir soin de fixer les feuilles sur des bois
déjà très-secs, avec de la colle qui ne soit pas
trop hygrométrique.

Il paraît que l'humidité du climat de l'Angleterre fait *voiler* les bois d'acajou, du moins ceux
récemment travaillés ; ce qui oblige à les faire
sécher préalablement, opération longue et dispendieuse qui ne remédie souvent qu'imparfaitement à ce défaut. M. Calender propose de l'a-
bréger par un procédé très-simple qu'il a communiqué à la Société d'encouragement de Londres, et pour lequel il a obtenu une récompense
de quinze guinées. Il consiste à placer les bois
dans une caisse ou chambre hermétiquement
fermée, où l'on fait arriver par un tuyau aboutissant à une chaudière de la vapeur d'eau qui
ne doit pas être au-dessus de la température de
80 degrés *Réaumur.* Après que les bois ont été
ainsi exposés pendant deux heures, plus ou
moins, à l'effet de la vapeur, et qu'on juge qu'ils
en sont bien pénétrés, on les porte dans une

étuve ou dans un atelier chauffé, où ils restent pendant 24 heures, avant d'être mis en œuvre. Nous observons que l'auteur n'entend parler que de bois de moyenne dimension, c'est-à-dire de ceux d'un pouce et demi à deux pouces d'épaisseur, dont on fait ordinairement des chaises, des balustrades, des lits, etc. On conçoit que des pièces d'un plus fort échantillon exigent plus de tems pour être complétement desséchées.

De beaux blocs d'acajou sont souvent déparés par des taches et des veines verdâtres qui renferment des insectes qui ne tarde pas à les attaquer. M. Calender assure que son procédé remédie à ce double inconvénient, en faisant disparaître les taches, et en détruisant les larves des insectes.

Plusieurs habiles ébénistes de Londres ont pratiqué avec succès ce moyen, dont ils ont rendu le compte le plus satisfaisant. Ils attestent que l'acajou ainsi préparé, ne se déjette pas quand il est exposé au soleil et à la chaleur; qu'il ne s'y manifeste point de gerçures, et que sa couleur acquiert plus d'intensité.

Nous ne doutons pas que ce procédé ne trouve de nombreuses applications en France, surtout pour empêcher les bois d'être piqués des vers. (1).

(*Bulletin de la Société d'encouragement*, année 1818, page 248.)

_____

(1) Le procédé de M. Callender peut avoir son avantage principalement pour les pièces de bois d'une grande dimension; le tourneur procède autrement; il débite son bois en billes, le fait immerger pendant une minute ou deux dans de l'huile de noix bouil-

Jusqu'à présent l'on n'a pu se procurer le vernis copal, qui est bien certainement le plus beau des vernis, qu'en faisant dissoudre cette

---

lante. A défaut d'huile de noix, on peut se servir d'huile commune ou même de graisse; mais il faut laisser le bois moins long-temps, un bouillon ou deux; s'il y séjournait plus long-temps, il perdrait de sa qualité.

On a recours, en Allemagne, à un procédé qui se rapproche davantage de celui de M. Callender; l'antériorité de l'un et de l'autre n'étant pas constatée, il est difficile de savoir si les Allemands ont copié les Anglais, ou les Anglais les Allemands.

On fait un coffre carré en chêne (la forme est d'ailleurs arbitraire, et sa grandeur est déterminée par la nature et la quantité des bois qu'on veut faire sécher). Ce coffre est recouvert par un battant à charnière avec rebords pour couvrir les joints, afin de rendre la fermeture le plus hermétique possible, tout en laissant la faculté d'une ouverture facile. On remplit ce coffre des bois qu'on veut faire sécher, en les espaçant si ce sont des planches ou des bois carrés et de forme régulière, de manière à ce que la vapeur puisse circuler tout autour; on les sépare à cet effet par des coins ou des cales.

A la portée de ce coffre est un fourneau sur lequel on met une chaudière en fer ou en cuivre, d'une grandeur proportionnée à celle du coffre; cette chaudière a un couvercle qui ferme exactement et est terminé en entonnoir; au bout de l'entonnoir s'adapte un tuyau en cuivre, plomb ou fer blanc, qui communique avec le coffre.

La chaudière remplie d'eau, on la met en ébullition, et la vapeur produite passe dans le coffre où elle se répand en enveloppant le bois dans tous ses sens, elle le chauffe, le dilate, le pénètre, se condense ensuite, et entraîne avec elle la sève et les principes

gomme dans l'éther, ce qui est dispendieux et d'une exécution difficile. Nous empruntons au journal des connaissances usuelles, la note qui

---

extractifs qui causent le déjetage et la gerce des bois livrés à l'air libre. L'eau s'écoule dans le fond et sort au dehors par des trous pratiqués à cet effet : tant que cette eau, qui se répand à l'extérieur, est troublée et colorée, on continue l'opération. Aussitôt qu'elle devient limpide on doit la cesser, en interrompant la communication avec la chaudière. On retire alors les bois, et on les met sécher à l'ombre, sous un hangar, jusqu'à ce que l'humidité dont ils sont pénétrés soit tout à fait évaporée. Selon les circonstances et la nature des bois, il faut quelquefois laisser le bois soumis à l'action de la vapeur pendant trois ou quatre jours.

En France on pratique depuis long-temps un procédé de lixiviation à peu près analogue, dans l'intention de garantir les bois de la piqûre des vers : on met les bois bouillir dans des chaudières où l'on a mis des cendres de bois neuf, et où on les laisse pendant une heure environ.

Il est encore un moyen dont on doit la connaissance à M. Paulin Desormeaux ; après l'abattage et la rentrée des bois dans le cellier, on débite les bois en grume, en bûches de 4 à 5 pieds de longueur, on colle sur les bouts des ronds de papier sur lesquels on répand ensuite de l'huile. Pour les garantir de la piqûre des vers, on écorce ces bûches un an après leur abattage, à l'époque du printemps, à l'instant où les œufs des insectes déposés dans cette écorce commencent à éclore. L'écorce ôtée, le bois sèche et durcit : les œufs, s'ils éclosent, ne peuvent nuire au bois, et ceux déposés par la suite ne peuvent y causer du dommage ; le ver, lorsqu'il éclot, ne trouvant plus l'écorce qui le nourrit jusqu'à ce qu'il soit assez fort pour percer le bois même. C'est surtout pour les

sult, et qui contient un moyen plus facile de l'obtenir.

Vernis de copal à l'alcool, et de gomme-laque à l'eau, par M. Berzelius.

Le copal réduit en poudre grossière que l'on arrose avec de l'ammoniaque caustique liquide, se gonfle et se convertit en une masse gélatineuse qui est soluble en entier dans l'alcool. Pour opérer cette solution qui forme un très-beau vernis, on verse par parties de l'ammoniaque liquide sur de la gomme-copal pulvérisée, jusqu'à ce qu'elle ait pris son maximum de gonflement, et se soit convertie en une masse claire et consistante. On chauffe cette masse jusqu'à 35°, et l'on introduit par petites portions de l'alcool de 0,8 ayant une température d'environ 5°; on agite après chaque introduction. La masse étant bien délayée on fait une autre introduction, et ainsi de suite. On obtient une solution qui, après avoir déposé une quantité insignifiante de matière soluble, est absolument incolore et claire comme de l'eau.

Le vernis de gomme-laque s'obtient en faisant bouillir de la gomme-laque avec une solution un peu concentrée de sous-carbonate de

---

bois fruitiers, c'est-à-dire les plus précieux pour le tourneur, que ce procédé offre de l'avantage. Le noyer n'est garanti par ce moyen que des gros vers : les petits trouvant encore moyen de s'y loger : mais il forme exception, et c'est toujours quelque chose de n'avoir à redouter que ces derniers, qui n'ont point d'action sur le bois verni.

potasse. Il se produit un mélange de gomme-
laque unie à la partie caustique de l'alcali et du
carbonate de potasse. Par le lavage on obtient
une solution complète; on la décompose par
une solution de sel ammoniac. Il se formera un
précipité d'ammoniac saturé de gomme-laque
qui se laisse laver à l'eau froide, mais qui co-
lore l'eau dès l'instant que tout le muriate de
potasse est enlevé. Ce précipité est soluble en
entier dans l'eau dont la température est de 50°.
En évaporant cette solution jusqu'à siccité, il
reste une masse pellucide, entièrement semblable à la gomme elle-même, et qui cesse d'être
soluble dans l'eau. La solution étant appliquée à
chaud, couvre les objets d'un très-beau vernis
que l'eau n'attaque pas, et qui se laisse très-bien
égaliser et polir.

*Moyens de dissoudre le copal plus aisément et
avec plus de célérité qu'on ne le fait ordinairement, en ajoutant du camphre à l'esprit-
de-vin.*

Faites dissoudre 28 grammes de camphre
dans 0, litre 92... d'alcool; mettez la dissolution
dans un vase de verre circulaire; ajoutez-y 224
grammes de copal en petits fragmens : exposez
ce mélange jusqu'à parfaite dissolution sur un
bain de sable ou sur un bain-marie, en réglant
la température de manière qu'on puisse compter
les bulles que la chaleur fait élever du fond de
la composition pendant tout le temps nécessaire
à l'entière dissolution.

Ce procédé dissoudra plus de copal que le liquide n'en contiendra à froid.

La méthode la plus économique consiste à

mettre à part, pendant quelques jours, le vase renfermant la composition, et quand la dissolution est complète, de décanter le vernis clair et de laisser le reste pour une prochaine opération.

(*Industriel*, tom. I, p. 181.) ARM.

Composition d'une pierre artificielle propre à aiguiser les faulx et autres instrumens tranchans.

Brevet d'invention pour cinq ans, pris le 7 décembre 1816, par M. J. HÉLIX, quincailler au Mans (Sarthe).

(*Description des machines et procédés spécifiés dans les brevets d'invention dont la durée est expirée. T. IX, pag. 280, n° 772.*)

Procédé de fabrication.

On coupe en parties minces, avec une plane, de la terre la plus propre à produire un mordant que l'on met dans un trou pavé au fond et au pourtour; on laisse cette terre dans le trou pendant 48 heures; le temps expiré on la retire, et après un jour de repos, on la pétrit d'abord avec les pieds puis avec les mains ; on en fait une pâte que l'on façonne en pierre à aiguiser. Ces pierres molles s'exposent à l'ombre, sur les planches pendant six jours, après quoi elles sont portées dans un four à réverbère de trente-six pieds de long sur huit de large et six de haut, où elles sont cuites de la manière suivante,

On allume à l'embouchure du four un feu que l'on entretient pendant quatre jours sans interruption; ce feu est très-petit dans les deux premiers jours et très-grand pendant les deux derniers. Les quatre jours écoulés, on éteint le feu, et deux jours après on retire les pierres qui sont bonnes à employer et avec lesquelles on peut travailler le fer aussi bien qu'on le fait avec la lime la mieux acérée (1).

Mandrin à excentrer inventé et exécuté par M. le comte de Murinais.

« Doué d'une activité peu commune, d'un génie ardent et inventif, et d'un goût décidé pour les arts utiles, M. de Murinais ne les cultive pas simplement en amateur qui veut se tenir au courant de leurs progrès, il cherche encore sans cesse à reculer leurs limites, et il y parvient souvent. Les arts mécaniques en particulier, car nous ne parlerons point des sciences

---

(1) Ce procédé n'est point nouveau, et si l'auteur avait eu procès pendant le cours de la jouissance de son brevet, il aurait infailliblement perdu. J'ai vu quelque part, dans les annales des arts et manufactures, un article intitulé *limes en terre cuite*. L'auteur invite à choisir cette terre dit *grès*, avec laquelle on fait certaines cruches et bouteilles extrêmement dures. Après avoir pétri cette terre en pains, affectant la forme des limes carreaux dont les serruriers se servent pour dégrossir l'ouvrage. On enveloppe ces pains avec une toile neuve dont le grain est proportionné à la taille des limes qu'on veut obtenir. On presse cette toile sur la terre molle de manière à ce que les fils s'y impriment : c'est dans cet état que l'on met les pains au four où ils sont cuits. Ces limes, assure-t-on, font un très-bon usage.

horticulturales et agricoles qui ne sont point de notre domaine, lui sont redevables de plusieurs perfectionnemens importans, parmi lesquels nous citerons l'étau à pied à écartement parallèle, et le tour à guillocher, que nous avons fait connaître dans l'Art du Tourneur. Notre Journal, qu'il regarde comme une entreprise éminemment utile, contiendra incessamment l'exposé des découvertes importantes qu'il a bien voulu nous communiquer. Nous allons nous occuper maintenant de son mandrin à excentrer.

« Les tourneurs ont de tout temps remarqué qu'il existait dans l'emploi des mandrins à tourner ovale, et généralement dans tous les excentriques, un grave inconvénient, résultant de la disposition même des pièces. Leur poids, entraîné hors du centre, cause un balan considérable, d'autant plus senti que l'excentricité est grande; ce poids se trouvant à chaque révolution deux fois sur l'axe et deux fois hors de cet axe, le mouvement est ralenti dans le premier cas, et accéléré dans le second; d'où il résulte que la rotation est saccadée, irrégulière, et pour ainsi dire interrompue: ce qui nuit à la parfaite exécution de l'ouvrage, nécessite un plus grand développement de force motrice, et fatigue considérablement le tour. M. de Murimais travaille depuis long-temps à combattre les mauvais effets que nous venons de signaler, et s'il n'a pas encore entièrement réussi à les faire disparaître, toujours est-il que cette justice doit être rendue à son invention, qu'elle les atténue considérablement. Son mandrin excentrique plaira d'ailleurs par sa simplicité et la facilité avec laquelle il peut être exécuté; il n'exige ni ajustage, ni dressage, opérations peu familières aux tourneurs,

et dont ils s'acquittent d'ordinaire assez difficilement.

« Le mandrin exécuté en cuivre que nous
avons sous les yeux a 77 millimètres (2 pouces
10 lignes) de diamètre, sur 18 millimètres (8
lignes) environ d'épaisseur, non compris les
deux nez : il a à peu près la forme d'une tabatière ronde ordinaire ; rien ne s'oppose à ce
qu'il lui soit donné d'autres dimensions. Nous allons nous efforcer, en détaillant chaque pièce
en particulier, et en la représentant sur notre
planche, vue sur ses diverses faces, de nous rendre parfaitement clair dans la description de ce
mandrin.

« Il se compose de deux pièces circulaire jointes entr'elles par une fermeture semblable à celles
des tabatières, et fixées par deux vis. La première
de ces parties exigera peu de détails, et sera comprise sur la seule inspection des figures 38, 38 bis,
et 39, pl. 7, qui la représentent vue par derrière,
de profil et de face.

« On voit sur la figure 38 deux trous a également distans du centre ; c'est par ces trous que
passent les vis a, fig. 38 (bis). Ces vis sont placées dans le modèle que nous avons sous les yeux
de manière à ce que la tête est tournée par devant en a, fig. 40, et à ce que le taraudage est
en a, fig. 38. Cette méthode peut être suivie,
mais nous pensons qu'il convient mieux de les
placer de la manière que nous avons suivie fig. 45,
et alors les trous a, fig. 38, ne seront pas taraudés ; mais bien ceux a, fig. 40, 41, 42. Le cercle ombré du centre de cette même figure 38
est le trou, fileté à l'intérieur, dans lequel se
visse le nez de l'arbre du tour.

« Dans la fig. 38 (bis) qui est la même pièce
vue de profil, deux objets doivent fixer l'attention,

1° la gorge b; 2° l'entaille c, dont nous expliquerons dans l'instant la destination. La gorge b doit être dressée sur le tour. Quant à l'entaille c, elle est pratiquée à la lime, et doit être semi-circulaire.

« La *figure* 39 représente cette première partie du mandrin vue de face, du côté du creux. Le fond doit être dressé et uni. La profondeur de ce creux doit être, non compris la hauteur de la gorge, de la moitié de la capacité totale du mandrin.

« Comme on le voit, cette première partie ne présente aucune particularité qui puisse arrêter dans l'exécution; c'est tout simplement, comme nous l'avons dit, le dessous d'une tabatière; il n'en est pas de même de la seconde partie formant couvercle; les pièces qu'elles supportent exigent de notre part et de celle du lecteur une attention particulière. Les *fig.* 42, 41 et 40 sont consacrées à sa démonstration.

« La *fig.* 42 est le couvercle vu intérieurement, du côté creux; la bâche, ou rebord d, entre à pression sentie sur la gorge b, et opère fermeture exacte; les trous a de l'une et de l'autre partie doivent se trouver en regard, afin que les vis de fixation a, *fig.* 38 (*bis*), puissent les traverser. Le fond de ce couvercle doit être parfaitement dressé à l'intérieur, et à l'extérieur être mis bien d'épaisseur. On pratique, comme en c, *fig.* 38 (*bis*) et 39, deux entailles ou échancrures semi-circulaires positivement en regard des premières, et devant former avec elles un trou rond par lequel passera le bout ou la tête de la vis de rappel dont il sera tout à l'heure question.

« On trace au fond de ce couvercle un cercle e, concentrique avec la circonférence du couvercle : ce cercle servira à déterminer l'extrémité de l'entaille traversée f. Cette entaille, percée à jour, sera parfaitement dressée sur ses grands côtés : commencée au cercle e, elle viendra aboutir près du rebord extérieur, à une distance égale à l'épaisseur de la paroi de l'écrou h, dont il sera parlé plus bas, et de manière que cet écrou, dans son plus grand éloignement du centre, puisse venir toucher par son côté arrondi à la partie interne correspondante du rebord d.

« La *fig.* 41 représente ce même couvercle vu de profil, on y distingue en i le nez mobile sur lequel se monte la matière à ouvrager, ou le mandrin qui la contient; en j l'embase sur laquelle elle appuie; en k le dessus de la plaque qui, en glissant sur la face antérieure du mandrin, forme l'excentrique. L'écrou h s'y montre de profil, et saillant par dessus les rebords d de la moitié de son épaisseur.

« La *fig.* 40 représente le couvercle vu en dessus, et l'aspect de l'ensemble du mandrin vu par-devant; les mêmes lettres de renvoi indiquent les mêmes choses. On voit sur l'un des côtés coupé de la plaque, une division que l'on fait, soit sur cette plaque, soit sur le dessus du mandrin, et qui sert à déterminer, ou à retrouver au besoin les degrés d'excentricité.

« Cette plaque doit maintenant captiver notre attention. La *figure* 40 la montre en k par son côté apparent; la *fig.* 43 en offre le profil, et enfin la *fig.* 44 est le côté placé en dessous, et frottant sur le dessus du couvercle. *fig.* 42, 41, 40; les lettres i, j, k indiquent sur la *fig.* 43 les mêmes objets; l est un carré conducteur qui doit entrer à pression exacte dans l'entaille f, être de même épaisseur, moins quelque chose

d'insensible que le fond du couvercle, et être
limé carrément sur trois de ses faces ; la quatrième, qui est conservée ronde, correspond à
l'extrémité arrondie de l'entaille *f*, *fig.* 42. Sur
le carré est une partie ronde *m*, cylindrique,
filetée d'un pas très-droit, peu incliné et très-
fin, devant recevoir l'écrou *h*, *fig.* 42, vu à part
fig. 46, 47. La *fig.* 44 reçoit les mêmes lettres
de renvoi ; *n* dans ces deux figures indique
une rainure arrondie qu'on fait avec une queue-
de-rat sur le bout de la vis *m*, et qui sert à livrer passage à la vis de rappel dont il va être
parlé, lorsque cette vis *m* monte assez pour en
gêner la marche.

« Cette pièce dont nous venons de donner l'explication, qui est représentée en *k*, *fig.* 40, et
par les *fig.* 43, 44, ainsi que les deux autres re-
présentées *fig.* 38, 38 (*bis*), 39 et 42, 41, 40, se
font sur le tour, et on ne filète les pas du nez
mobile que lorsqu'elle est mise en place. On
abattra avec une scie à métaux les méplats sur
lesquels on marque avec un burin la division
par degrés. Quant au conducteur *l*, on le tourne
rond d'abord, puis on l'équarrit à la lime, en
prêtant une attention rigoureuse à ne point entamer le dessous de la plaque, qui doit être
tenu parfaitement droit, et qui devra plutôt
pencher vers la concavité que vers la forme
opposée, parce que c'est ce dessous qui frotte
sur le dessus du couvercle, et que plus ces parties seront droites, plus le mouvement de va-et-
vient sera doux, et que des inégalités, en détruisant l'uniformité, occasioneraient des trémulemens, et par suite des dardemens et broutemens de l'outil sur la matière : mais quel est
l'ouvrier qui ne sait pas dresser des surfaces sur
le tour ?

« Cette pièce bien faite, on s'occupe de la confection de l'écrou *h*, *fig.* 42 et 41, vu à part *fig.* 47, et en coupe *fig.* 46. On le fait également en cuivre, et c'est encore sur le tour qu'on le travaille. On le fait d'abord rond, sauf à le rendre ensuite carré en le sciant sur trois de ses faces. On en réserve une ronde, celle qui doit venir toucher au rebord *d*, *fig.* 42. Rien ne s'opposerait d'ailleurs à ce que cet écrou fût maintenu rond; on ne l'équarrit que pour donner prise à la clef ou à la pince avec laquelle on le serre. Le trou *p*, *fig.* 46, 47, se fait sur le tour, ainsi que l'écrou *s*, *fig.* 46. Cet écrou, fileté avec le peigne qui a servi pour le cylindre *m*, doit être juste, et entrer avec quelque effort sur la vis de ce cylindre. Le dessous de cet écrou, c'est-à-dire le côté *s*, *fig.* 46, qui représente la pièce coupée suivant la ligne ponctuée *tt*, *fig.* 47, doit être parfaitement dressé, parce que c'est ce dessous qui glisse sur le fond intérieur du couvercle, *fig.* 42, qui de son côté, doit être bien dressé, ainsi que nous l'avons expressément recommandé, et tenu parallèle avec l'extérieur du mandrin. Cet écrou, fileté seulement dans sa partie inférieure, en se vissant sur le cylindre *m*, fera adhérer la plaque mobile *k*, *fig.* 40, sur le dessus du mandrin, et attirera dans l'entaille *f*, *fig.* 42, le conducteur *l*, *fig.* 43 et 44. Ce conducteur et l'écrou pourront donc glisser sans ballottement, l'un dedans, l'autre dessus l'entaille *f*. Ce mouvement sera par conséquent communiqué à la plaque *k*, *fig.* 40, qui est du même morceau que le conducteur *l*, et par suite à l'objet qui sera monté sur le nez mobile *l*, même figure. Il ne nous reste plus qu'à dire comme se règle le mouvement.

« En nous reportant aux *fig.* 42, 41, nous voyons que le mandrin est traversé, dans tout son diamètre par une vis *g*; cette vis, qui fait le rappel au moyen de la disposition particulière de sa tête, est faite tout en acier; on la trempe et on la fait revenir bleu ; entrons dans quelques détails sur ce qui la concerne : on suspend entre les pointes d'un tour d'horloger un petit cylindre d'acier, ayant à l'une de ses extrémités un renflement réservé pour la tête de la vis, on tourne ce renflement, et l'on fait au milieu une rainure d'une profondeur déterminée par la force de la vis, et d'une largeur telle que le rebord *d* du couvercle et le rebord du mandrin, au-dessous de la gorge *b*, *fig.* 38 (*bis*) et 39, y puissent entrer à frottement et sans ballottement, parce que, si la rainure était trop large, ce défaut d'ajustage produirait un temps-mort et des trémulemens. Quant à l'autre extrémité de la vis, elle formera un petit cylindre ajusté sur la grandeur des entailles semi-circulaires *c*, *fig.* 38 (*bis*), 39, 41, ou plutôt ces entailles seront faites sur le diamètre du cylindre, mais toujours de manière à ce qu'il soit maintenu invariable. C'est la rainure circulaire pratiquée sur le renflement de la tête de la vis qui la fait vis de rappel, parce que, ainsi maintenue, elle ne pourra que tourner, sans avancer ni reculer.

« Quant au filet de la vis elle-même, il devra être profond, et fait avec une filière à coussinets; on risquerait de la gauchir en se servant d'une filière simple.

« Cette vis confectionnée, on s'occupera de son écrou, qui est le même que celui représenté en *h*, *fig.* 42 et 41, vu à part *fig.* 47, et en coupe *fig.* 46. On percera transversalement, et bien horizontalement, le trou *lll*, *fig.* 46 et 47, dans lequel on fera passer un taraud. Ce sera dans cet écrou que s'engagera la vis *g*, *fig.* 42.

« Il ne nous reste plus qu'à dire comment toutes ces pièces s'assemblent entr'elles. On commence par faire entrer dans l'entaille *f*, *fig.* 42, le conducteur *l*, *fig.* 43 et 44, en ayant soin que le côté courbe du conducteur corresponde au côté courbe de l'entaille: dans cette position, la vis *m* sera en saillie de quelques millimètres sur le fond *e* du couvercle, *fig.* 42, et l'entaille semi-circulaire *n* sera dans la direction où elle est représentée *fig.* 44, l'échancrure *n*, *fig.* 43, étant hors de perspective, et faite seulement pour donner le profil de cette entaille. On vissera sur cette vis *m*, l'écrou *h*, encore rond, et non encore traversé par le trou taraudé *l*, fig. 46 et 47. C'est lorsque cet écrou est arrivé à toucher bien carrément le fond *e* du couvercle, sans toutefois exercer une pression trop forte, qui serait contraire au libre mouvement de la plaque *k*, fig. 40, qu'on fait le tracé du carré *h*, si on juge à propos de le faire; c'est aussi lorsqu'il est arrivé à ce point, qu'on indique par une ligne transversale la direction que devra suivre le trou taraudé *l*, fig. 46 et 47. On ôte alors l'écrou ; on perce ce trou, on le taraude comme nous l'avons dit plus haut, et on remet l'écrou exactement dans la même position. On pousse cet écrou *h* contre le rebord *d*, dernier degré de l'excentri-cité, et l'on engage le bout de la vis *g*, dans son écrou *t*, en ayant soin que le colet de cette vis corresponde à l'entaille *v*. On tourne la vis, qui entre d'abord sans difficulté; mais arrivée au renflement qui forme sa tête, elle est contrainte de fléchir, ce qu'elle peut faire sans inconvé-nient, la nature de sa trempe le lui permettant; on continue à tourner avec précaution, et la rainure circulaire de la tête venant à se trouver au-dessus du rebord *d*, elle tombe dans l'entaille par suite de l'élasticité de la vis, qui reprend alors sa direction primitive. Pendant cette opération, le petit cylindre opposé à la tête s'est engagé dans l'autre entaille *c*, et la vis est placée. En la tournant à droite ou à gauche, on fait avancer ou reculer à volonté l'écrou *h* et les pièces qui y sont adhérentes; on ferme le mandrin, en rapprochant les deux parties, et en faisant entrer la gorge *b* dans le couvercle : on serre les vis *a*, et le mandrin vu de profil, et ainsi assemblé, est représenté par la fig. 45. On pense alors à fileter le nez mobile *i*, fig. 41, 40, 43, 45, et à redresser l'embase *f*, s'il en est besoin.

« A cet effet, on fait tourner la vis de rappel *g*, on ramène le nez *i* au centre de rotation, et dans cette position on le filète au peigne.

« Ainsi se construit ce mandrin : nous sommes entrés, sur ce qui la concerne, dans des détails extrêmement circonstanciés, parce que nous le considérons comme une innovation, importante en ce point surtout, que toutes les pièces dont il est formé sont rondes, et peuvent être exécutées sur un tour ordinaire. Nous ne sommes même pas éloignés de croire qu'il pourrait être exécuté en buis, par un amateur qui ne voudrait s'en servir que dans les cas peu fréquens où l'on a besoin d'excentrer. Ce mandrin mettra d'ailleurs sur la voie d'autres applications, et son auteur songe déjà à faire un mandrin à tourner ovale d'après ce principe. M. de Murinais nous a dit lui-même qu'il espérait encore le simplifier en employant de forte tôle d'acier pour les fonds. Cette idée sourira particulièrement aux amateurs éloignés des fonderies de cuivre ou de fer; ils pourront par ce moyen faire leurs excentriques eux-mêmes, sans avoir recours à des mains étrangères, sans forge, et sans l'attirail que nécessite la construction des mandrins excentriques, tels qu'on les a faits jusqu'à présent. Ajoutons qu'un mandrin fait d'après ce procédé ne pèse pas le quart du poids d'un mandrin à coulisses, et que le prix d'achat devra également être moindre des trois quarts. »

(Journal des Ateliers, mai 1829, p. 97.)

Mandrins ordinaires d'une confection facile.

Tout le monde n'a pas de clé-tarau pour mandriner sur-le-champ toute pièce à ouvrager. Une pièce mandrinée au moyen de la clé-tarau ne l'est jamais bien solidement, et lorsqu'un mandrin doit faire un long usage, il n'est guère possible de s'en rapporter à ce moyen, expéditif sans doute, mais peu assuré. Les mandrins de M. Langlois servent jusqu'à la fin sans que jamais l'écrou se déforme ou s'ovalise, comme cela a lieu pour les mandrins ordinaires; même ceux filetés au peigne lorsqu'il ont été long-temps gardés inactifs. Cette manière de faire est, dit-on, depuis long-temps en usage en Angleterre; peu nous importe, nous n'envisagerons jamais cette question oiseuse de la priorité d'invention; dès que nous rencontrons une amélioration, nous l'enregistrons sans nous enquérir de son lieu de naissance, et nous lui accordons de suite, et sans difficulté, ses titres de naturalisation.

Ce moyen est très-simple : il consiste à faire en métal, fonte douce, fer ou cuivre, un écrou se vissant sur le nez de l'arbre, en réservant sur la face antérieure de cet écrou une embase grande au moins comme l'embase de l'arbre du tour; cette embase est percée de trois trous par lesquels passent des vis qui fixent sur cet écrou le morceau de bois destiné à devenir le mandrin.

La *fig. 33, 34, pl. 4* fera de suite comprendre comment il se construit. On voit en *a* la face et *b* la coupe prise sur la ligne *a c*. Lorsqu'il s'agit de monter un morceau de bois sur le tour pour en faire un mandrin, on le dresse bien d'un côté, puis on fait au centre un trou de calibre avec la partie saillante *d*; on fait entrer cette partie saillante dans le trou et l'on maintient l'écrou en place à l'aide de trois ou quatre vis fraisées pénétrant dans le bois jusqu'à la profondeur à peu près de la partie saillante *b*. Lorsque le mandrin est usé on renouvelle le bois et le même écrou sert continuellement. On fait aussi de ces écrous rapportés, en employant le buis ou tout autre bois dur et résistant, qu'on soumet à une ébullition dans l'huile pour le rendre moins sensible aux variations de l'atmosphère. Il est bon d'observer qu'il ne faut alors donner qu'un seul ou deux bouillons : si le bois séjournait plus long-temps dans l'huile bouillante, sa consistance serait altérée, il deviendrait cassant et moins propre à garnir un mandrin.

Ces écrous de rapport devant servir indéfiniment, doivent être parfaitement dressés par le côté qui touche à l'embase du nez du tour, et filetés an peigne avec attention, afin qu'ils se vissent toujours uniformément.

(*Journal des Ateliers*, avril 1829, Tom. 1, page 79.)

Mandrin à mâchoires.

« Ce mandrin n'est pas d'une confection difficile, encore bien qu'elle nécessite l'emploi du
marteau, de la lime et du tour. Bien inférieur,
sous le rapport de l'utilité, aux mandrins uni-
versels de MM. Pecqueur et Rouffet, nous nous
serions dispensé de le faire connaître à nos lecteurs, si plusieurs amateurs n'avaient vivement
combattu cette pensée, en nous faisant observer
qu'il sera très-bon à connaître pour celui qui
ne sera pas à même d'exécuter ou de faire exécuter les mandrins plus perfectionnés dont nous
venons de parler; que le premier serrurier venu
en fera facilement la ferrure, et que d'ailleurs,
dans certains cas, il servira lorsque les autres
ne pourraient servir. D'une autre part, en en
faisant journellement usage dans notre atelier,
nous avons été mis à même d'apprécier souvent
son extrême commodité, et nous aurions éprou-
vé quelque scrupule à jouir des facilités qu'il
donne, sans en faire aucune mention. Nous allons donc le décrire tel que nous le possédons,
en reconnaissant toutefois qu'il est susceptible
de recevoir de nombreuses et importantes améliorations.

« La *fig.* 59 *pl.* 6 le représente vu en dessus,
la *fig.* 60 vu par dessous, la *fig.* 61 en élévation
perspective, les *fig.* 62 et 63 en offrent les détails.

« Le corps du mandrin *a* se fait en bois dur,
alisier, cormier, pommier ou autre; la ceinture *b*, en fer ou en cuivre; les trois chapes *o*
peuvent être enlevées dans le même morceau,
ou faites à part, et ajustées à tenons et mor-

taises, ou, ce qui nous semblerait préférable,
à queue taraudée traversant la ceinture de métal, et pénétrant dans le corps du mandrin.
On pourrait même, nous le pensons du moins,
supprimer entièrement cette ceinture, et visser
seulement les chapes dans le bois. Il n'en est pas
ainsi dans le modèle que nous donnons : les
chapes *c* font partie de la ceinture, ou sont du
moins assemblées avec tant d'exactitude, qu'elles
paraissent faire corps. Les mâchoires *d* sont
prises dans les chapes par leur partie inférieure;
elles s'y meuvent facilement, et sont retenues
par des vis-goupilles *e*. Ces mâchoires *d*, faites
en fer ou en acier, devront être trempées par
le haut à l'endroit des mords; elles seront trans-
percées dans leur fort d'une mortaise ovalisée
devant livrer passage aux vis *f*, dont il va être
question.

« Pour que le mouvement de ces mâchoires
soit libre et puisse s'exécuter en dedans de la
circonférence du mandrin, on entaillera le bois
suivant leur inclinaison. L'envie de donner de
la prise aux mâchoires sur les objets d'un très-
faible diamètre, ne doit point porter à donner
trop d'inclinaison à ces entailles; on affaiblirait
inutilement le corps du mandrin. Passé un certain point, la pression n'est plus égale, les vis *f*
fatiguent et touchent contre les parois des mortaises qui leur livrent passage (1).

« Les vis *f* sont les extrémités d'un *trois-
branches h* vu à part, *fig.* 62. Il est construit
en fer; au centre est le trou carré *h'* destiné à
livrer passage au boulon en fer *i*, vu à part *fig.*
63. Ce trois-branches est égal en épaisseur au

_____

(1) Il y a d'ailleurs impossibilité.

diamètre des trois vis *f.* On fait au milieu une noyure destinée à recevoir la tête du boulon. C'est au fond de cette noyure que se trouve le trou carré *h'*, dont nous venons de parler. Les extrémités des branches sont arrondies, puis filetées en partie, ainsi qu'on peut le voir en *f*; le pas doit être profond et rapide (1). Cette pièce se place sur le dessus du mandrin, dans une encastrure faite dans le bois pour la recevoir. On met en place le boulon *i*, dont l'extrémité filetée est apparente, *fig.* 60, au centre du trou *j* dans lequel s'engage le nez de l'arbre; ce boulon est tiré en dedans par l'écrou *k*, *fig.* 63, butant contre le fond du trou *j*, et tient en place le trois-branches *h* au moyen de la pression opérée par la tête *l*.

« Les mâchoires *d* relevées, mises en place et assujéties par les écrous à oreilles *g*, on prend entre elles un mandrin monté sur le nez de l'arbre du tour, on dresse bien le dessous, *fig.* 60, et l'on filète au peigne le trou *j*, si toutefois on ne l'a pas fait dès le principe. Le mandrin retourné et mis en place, on abaisse les mâchoires, ou même on les ôte tout-à-fait, pour le dresser, et avec un grain d'orge on y trace plusieurs cercles concentriques, marqués par des points sur la *fig.* 59; ils servent à mettre promptement de centre. On relève les mâchoires, on met les écrous en place, et le mandrin est prêt à servir. Il n'est peut-être pas inutile de recommander de passer des rondelles en cuivre *l* entre les écrous et les mâchoires, afin d'éviter la pression de fer contre fer.

___

(1) Nous pensons qu'un pas peu incliné serait plus convenable dans les cas où une grande pression serait nécessaire, comme s'il s'agissait de tourner du fer.

Emploi. — Ce mandrin peut saisir des objets moins forts d'un tiers, et même davantage, que son diamètre ; il peut saisir des objets plus grands que ce diamètre. Pour les cas où une force très-active de maintenue n'est pas nécessaire, il peut même serrer des objets d'un diamètre tel que les mâchoires se trouvent un peu en dehors de la verticale et touchent par le bas. On doit toujours poser la pièce bien à plat sur le mandrin avant de la serrer. On la centre ou on l'excentre en serrant plus ou moins les écrous *g* : s'il s'agit de percer une pièce de peu d'épaisseur, comme pour faire un cadre rond, par exemple, on la prend par l'extrémité des mords, et non-seulement on la perce facilement, mais encore on peut aisément, à l'aide d'un crochet, y pratiquer la rainure circulaire du dedans. On pourrait apporter deux perfectionnemens à ce mandrin : 1° en y mettant assez de bois pour que les vis *f* et les écrous *g* ne fissent plus saillie, saillie qui fait un *casse-doigts* qui nécessite une certaine attention ; 2° en forant le boulon *t* dans toute sa longueur dans le cas où, ayant un arbre foré, on voudrait percer un objet pris dans le mandrin.

« Nous avons été obligé de fixer par trois boulons ou goupilles en fer *m*, fig. 60 et 61, la ceinture *b* sur le mandrin, parce qu'il arrivait qu'en frappant sur les objets à mandriner, cette ceinture, non retenue, reculait sous l'effort. Cette précaution sera inutile si, comme nous l'avons dit, on fixe les chapes *c* au moyen de tiges filetées s'engageant dans le bois ; ces tiges tiendront lieu des goupilles *m*.

« Ce mandrin est assez compliqué, mais il rend un bon service et paie la peine qu'on s'est donnée à le faire. Il offre, entre autres avanta-

ges, celui de prendre la pièce brute et de la serrer
encore lorsqu'elle est dégrossie et mise au rond.
(*Journal des Ateliers*, août 1829, p. 193.)

Taraux de filières à bois.

« On s'occupe depuis quelques années à perfectionner les filières à bois ; nous avons, dans
l'art du tourneur, et récemment dans celui du
menuisier, mis le public au courant des perfectionnemens qui ont eu successivement lieu dans
cette partie importante ; mais, depuis la publication de ces ouvrages, un changement avantageux a été introduit dans la fabrication des taraux. Il convient de le constater.

« On a vu que la principale amélioration du
tarau que nous avons proposé dans les ouvrages
que nous venons de citer, résultait de la disposition des dégagemens, qui permettait de couper
bois en montant et en descendant dans le trou
à tarauder, et de ce que le filet ne se formait
que par cinquième à chaque révolution du tarau. Ces conditions de succès se rencontrent
également dans le tarau que nous donnons fig.
35 et 36, *pl. 4*, et il offre en outre certaines facilités qui lui sont particulières.

« Comme les autres taraux, il peut être fait en
fer, mais il vaut mieux, surtout s'il est de petite
dimension, employer l'acier. On réservera à la
forge une portée saillante circulaire destinée à
être filetée. Cette portée mise au rond, on la
filetera au peigne, puis on forera le tarau (1),

_____

(1) Ce forage n'est pas, à notre avis, d'une nécessité absolue et donnera beaucoup de peine à faire.

ainsi qu'on le voit en *a*, dans le plan, fig. 36. Jusque-là le taraud ne s'écarte pas de la façon ordinaire; ce qui le distingue, c'est, d'une part, la manière dont on lui donne de l'entrée, et de l'autre la forme particulière du dégagement.

« Pour donner de l'entrée au taraud on diminuera insensiblement le diamètre par le bout, en faisant en sorte que le sommet des premiers filets se trouve sur la même ligne que le fond des creux ou écuelles des filets du haut qui doivent parfaire l'écrou. Cette inclinaison n'est pas du tout facile à donner. Si on veut employer le peigne il faut nécessairement l'incliner à droite, et alors non-seulement les pas sont inclinés, dommage qui serait plus tard réparé par les dents du haut qui refont le filet, mais encore le rampant de la vis en éprouve un resserrement, vice radical et irrémédiable, que les dents du haut ne peuvent corriger, et par suite duquel l'écrou est mâché et détérioré. L'écartement de ces dents étant plus grand de quelque chose que celui des premières, il se fait en quelque sorte, du plus au moins, suivant la longueur du taraud, un filet doublé inégalement. Tous les bons mécaniciens sont d'accord sur ce point, que la décroissance du diamètre d'un taraud ne doit jamais porter sur le plein du taraud, qui doit rester cylindrique, mais bien sur la hauteur des dents, qui doit être moindre par le bas que par le haut. Ils donnent deux raisons à l'appui de leur opinion : la première résultant de ce que le corps du taraud est inutilement appauvri par la diminution, puisque l'arrête seule des premiers filets s'engage dans la matière; la seconde, de la grande difficulté qu'il y a dans ce cas à conserver l'uniformité de l'hélice ou rampant de la vis. Ainsi donc ce ne sera pas avec le peigne qu'il sera possible de donner une décroissance régulière au tarau, puisque le peigne, si on l'incline pour donner cette décroissance, diminuera par le bas le plein du tarau, inclinera les dents, et détruira l'uniformité de l'hélice. Si on emploie la filière à coussinets, on évitera, en partie seulement, deux de ces inconvéniens; mais celui d'affaiblir le plein du tarau subsistera dans toute sa force, ainsi que nous l'établirons incessamment dans un article sur les filières doubles. Pour éviter ces divers inconvéniens, les bons ouvriers filètent, soit au peigne, soit avec la filière double, les taraux cylindriques : ils donnent l'entrée en abattant les premiers filets avec la lime : cette opération est longue, minutieuse et difficile à bien exécuter, si l'on tient à ne toucher qu'aux filets et à réserver intact et cylindrique le plein du tarau. Il en résulte d'ailleurs cette imperfection, que les filets d'entrée étant baissés, tout en conservant la largeur de leur base, l'angle formé par le sommet devient de plus en plus obtus, et finit par ne plus présenter qu'un méplat peu propre à diviser la matière et à s'y frayer passage.

« Pénétré de l'observation de ces obstacles à la parfaite exécution des taraux, et voulant les surmonter, M. Collas, que nous avons eu souvent l'occasion de citer, a imaginé de donner de l'entrée aux taraux en faisant les premiers pas doubles; par ce moyen il conserve le corps du tarau cylindrique, donne de l'entrée et conserve le tranchant du filet. A cet effet il tourne et filète son tarau cylindrique, puis il enlève avec la planc le sommet des filets, à partir du point où il veut que la décroissance ait lieu, et en inclinant un peu. Les filets présentant alors l'aspect d'une pyramide tronquée, il place le peigne ou un grain-d'orge au milieu du filet, et trace une hélice en creux à l'endroit même où le sommet du filet faisait saillie. Par ce moyen le pas devient double lorque la pointe du grain-d'orge a atteint le plein du tarau, ce qui a lieu vers les prmiers pas du bas, les filets sont toujours vifs et coupans, quoique moindres de la moitié en hauteur et base; la prise se fait régulièrement et sans effort, et les filets du haut qui terminent l'écrou sont amenés dans le creux par une pente insensible et réglée, et en suivant exactement l'inclinaison de l'hélice, les écrous produits par ce tarau ne peuvent qu'être parfaitement réguliers.

« Quant au dégagement à jour *b*, fig. 35, on peut aussi le considérer comme un perfectionnement, encore bien qu'il soit beaucoup moins important que le premier. L'idée des taraux creux n'est pas nouvelle; on fait communiquer le filet avec ce creux au moyen de deux ou trois trous percés au droit du filet et affûtés en dedans. On ne peut se dissimuler que cette disposition ne soit préférable à l'entaille à jour *b*, représentée dans la fig. 35, parce que le bois se coupe net et en vrillonnant, comme dans le tarau à traverses; tandis que dans celui-ci, ainsi que dans celui que nous avons précédemment proposé, il ne fait que gratter. Mais aussi quelle différence sous le rapport de la facilité de la construction et de l'entretien ! Les deux taraux dans lesquels le bois vrillonne sont très-difficiles à aiguiser lorsqu'ils ne coupent plus; il suffit de passer une lime dans l'entaille de celui-ci pour rendre aux filets tout leur mordant, qu'on aura plus vif, si on fait l'angle rentrant sous le filet à droite et à gauche, afin qu'il coupe en montant et en descendant. Cette entaille *c* correspondant avec le forage intérieur *a*, fig. 36, le poussier passe dans cet intérieur et n'entrave pas la marche de l'outil. La partie unie *o* est le conducteur déterminant la grandeur du trou à percer pour que l'écrou se fasse très-régulier.

« Si l'on trempe ce tarau, il coupe plus longtemps; mais il faut une pierre plate pour l'affûter. Si on laisse l'acier mou, on l'affûte avec une lime douce, ce qui est bien plutôt fait (1).

(*Journal des Ateliers*, août 1829. p. 198.)

Description d'un nouveau mandrin dit universel, destiné à fixer les pièces sur le tour, par M. Bell. Extrait des transactions de la société d'encouragement de Londres pour 1819. L'auteur a obtenu la médaille d'argent pour son invention.

« Le perfectionnement imaginé par *M. Bell* a pour objet d'épargner une grande partie du temps employé à fixer les pièces sur les mandrins ordinaires et à les centrer convenablement. En effet, une pièce quelconque ne peut être tournée sans que son axe soit le prolongement

---

(1) Les taraux avec lesquels on veut couper le bois en filons, doivent être faits en acier, être trempés et affûtés à la pierre. Un tarau en fer, quelle que soit sa forme, ne fera jamais que l'office d'une râpe: il réduira le bois en poussier. L'effet peut être à peu près le même si le tarau en fer est bien construit; coupé ou limé, le filet n'en est pas moins vif.

de celui de l'arbre du tour, et sans qu'elle soit assez fortement fixée pour résister à l'effort de l'outil et aux chocs extérieurs.

« Le mandrin inventé par M. *Bell* remplit ce double objet : nous allons le décrire d'après la gravure qui le représente ;

Fig. 52-58, planche 6. Vue de profil, fig. 53 ; vue de face, fig. 52 et fig. 55 ; coupe de l'instrument complet.

Fig. 54, vue de face, et fig. 55 ; coupe des pièces A B détachées du reste du mandrin.

Fig. 56, coupe de la pièce C, fig. 52, 53 et 55.

Fig. 57, coupe de la pièce D, fig. 52 et 53.

a, fig. 53 et 55, écrou formé dans le mandrin : il sert à le fixer sur le nez du tour.

b, fig. 52, 54, 55, support tenant à la pièce A et entrant dans le collier de la pièce C.

c c, fig. 54, vis au moyen desquelles la pièce C est fixée à la pièce A.

d d d, fig. 54 et 57, pivots formant les centres de mouvement d'un égal nombre de bras, dont les extrémités taillées en vis sortent et fixent la pièce que l'on veut tourner.

f f f, fig. 52 et 56, coulisses pratiquées au fond de la pièce C et dans lesquelles passent et se mouvent les extrémités filetées des bras. Par cette disposition des coulisses les trois vis saillantes sont constamment aux angles d'un triangle équilatéral inscrit à un cercle dont le centre est celui de l'arbre du tour.

g, fig. 56, trou percé dans la plaque A (1), et recevant le support *b*.

(1) Nous pensons qu'il faudrait substituer ici C à A. Toute cette démonstration est très-confuse et exige-

2. 18

h h, fig. 56, collier vissé dans la pièce C et qui reçoit aussi le col *i i* de la pièce D, fig. 55, afin de maintenir les bras qui embrassent la pièce à tourner.

k, trou percé dans l'anneau de la pièce C, fig. 52 : il reçoit un levier à l'aide duquel on serre ou desserre la vis. »

(*Bulletin de la Société d'encouragement de Paris*, 19e année, page 328.)

rait une plus ample explication, que nous ne croyons pas devoir entreprendre, n'ayant pas le modèle sous les yeux. L'objet est d'ailleurs si simple que nous ne croyons pas devoir insister. Ce mandrin doit être d'un bon effet : c'est une application, faite en grand, d'un mécanisme connu de tout temps dans l'horlogerie, qu'on nomme *main*. Les personnes qui ne comprendraient pas la structure du mandrin de M. Bell, en prendront une idée suffisante à la vue de l'outil dont nous venons de parler, et que tout horloger pourra leur communiquer. On ne dit point en quelle matière sont faites ces différentes pièces; nous supposons que les boîtes sont en cuivre et les pièces mobiles en acier. On nous marque, dans une lettre que nous recevons de Gand, que ces sortes de mandrins sont maintenant très en faveur en Angleterre, où on les fabrique très-bien, et d'où on en fait passer une grande quantité dans la Belgique. Ils sont très-commodes, en ce qu'ils prennent les pièces en dessus et en dedans.

Description d'un tour cylindrique à pointes, construit en Angleterre et en usage dans l'établissement d'Ourscamp, près Noyon, et dans les ateliers de MM. Piart frères, à Paris (1).

« Dans cette machine dont presque toutes les pièces sont en fonte de fer, le mouvement horizontal de va-et-vient est imprimé au chariot qui porte l'outil ou couteau par le mouvement rotatif, alternativement à droite et à gauche, d'une vis sans fin coulant le long de l'arbre qui lui sert d'axe, et auquel ce mouvement est commu-

(1) Nous ne savons trop pourquoi le nom de *cylindrique* est donné à ce tour. Est-ce parce qu'il sert à tourner des cylindres ? mais tous les tours connus servent aussi à tourner des cylindres, et quant à la construction de ce tour, elle n'a rien de particulièrement cylindrique.

Nous n'entrerons pas, à l'occasion de ce tour, dans une discussion de détails ; celle que nous allons faire, page 246, à l'occasion du tour de M. Maudslay servira pour le tour actuel qui nous paraît un peu trop compliqué dans son ensemble. Nous avons vu, il y a cinq ou six ans, dans l'atelier de M. R., mécanicien à Paris, un tour parallèle fait sur ce modèle, mais beaucoup plus simple, ce qui n'empêchait pas cependant qu'il nécessitât encore, pour être mu, un grand déploiement de force motrice. On ne fait pas assez connaître, dans l'explication, à quels usages ce tour est applicable ; comment s'y placera la matière à ouvrager, comment seront filetés les cylindres et les moyens de donner une inclinaison fixe, déterminée à volonté, à l'hélice formée par les filets. Quoi qu'il en soit, cet article est fort curieux ; il répand la connaissance de manières de parvenir à produire tels ou tels effets ; il fait connaître les ressources dont le constructeur de machines peut disposer.

niqué par un engrenage d'angle, mu suivant différentes vitesses au moyen de poulies à plusieurs gorges qui correspondent avec le moteur principal.

La fig. 29, planche 4, représente ce tour par derrière.

Fig. 5, pl. 5, plan ou vue à vol d'oiseau.

Fig. 3, et 5o, pl. 4, vues par chacun des bouts.

a, bâtis ou banc du tour.

b, poupée fixe portant la pointe *c* sur l'axe de laquelle est montée la poulie *d*, recevant la courroie qui prend son mouvement du moteur pour le transmettre à la pièce à tourner. On accélère ou on ralentit le mouvement de la partie *d*, au moyen de poulies coniques à plusieurs diamètres. Ces deux poulies ou cônes sont disposées près du plafond où ils reçoivent le mouvement d'une courroie attachée au moteur pour le transmettre au moyen d'une autre courroie à la poulie *d*. Les différens diamètres de ces deux poulies coniques étant disposés à l'opposé l'un de l'autre, permettent d'imprimer à la pièce à tourner le degré de vitesse qu'il convient de lui donner suivant la dureté de la matière soumise à l'action du couteau. La courroie qui imprime le mouvement à la poulie *d* se manœuvre par l'ouvrier chargé du travail et à l'aide du lévier *l* qui lui sert à rétablir ou à interrompre le mouvement. La pointe *c* est arrêtée dans la poupée par deux vis, l'une verticale et l'autre horizontale, vissées dans la tête de la poupée.

e, poupée mobile sur le banc où elle est retenue pas deux boulons à écrous *f*, on la voit représentée en coupe verticale et de profil, fig. 8 et 9. La tête de cette poupée est traversée par la seconde pointe *g* du tour, laquelle est solide-

ment fixée dans cette poupée par deux boulons,
l'un vertical h et l'autre horizontal k : ces deux
boulons se serrent et desserrent, l'un au moyen
d'une clé et le second à l'aide du manche ou bras
de levier i.

Derrière la poupée e est une pièce à coulisse
m, glissant comme cette poupée dans la coulisse
n, fig. 5, pratiquée sur le milieu du banc. Cette
pièce m est retenue par deux boulons contre la
poupée avec laquelle elle fait corps et porte dans
sa tête une vis o, se manœuvrant comme celle
d'un étau et dont l'objet est de presser la pointe
g du tour pour l'empêcher de reculer.

p, chariot sur lequel est monté le porte-outil
q : on le voit avec le porte-outil en coupe verticale, fig. 32, pl. 4 : ce chariot est posé à cheval sur le banc du tour. Un support à coulisse r
est fixé sur ce chariot au moyen d'un boulon s.
Ce support reçoit le porte-outil q, comme on le
voit très-bien dans la coupe, fig. 32. Le porte-
outil est muni d'une vis de rappel t que l'ouvrier
met en action à l'aide de la manivelle u, pour
avancer ou reculer l'outil qui se fixe par des vis
dans les deux petits guides v ayant chacun sur le
milieu une entaille x pour le renvoi.

Le chariot p est traversé par un axe horizontal y sur lequel est un pignon z, fig. 32, engrenant la crémaillère en fonte a', pratiquée sur la
longueur du banc.

b', roue dressée en fonte ayant au centre un
long écrou e' dans lequel est enfilé l'arbre y qui
est entraîné par le mouvement de la roue b'. Cette
roue engrène la vis sans fin c' qui lui imprime le
mouvement de rotation au moyen duquel le pignon z se meut dans la crémaillère immobile a',
ce qui entraîne le chariot p sur le banc du
tour.

La vis sans fin c' est montée sur un canon d' fig. 29, qui glisse sur l'arbre à plusieurs pans f', de manière à suivre, sans cesser d'engrener, le mouvement de la roue b' qui marche avec le chariot.

Le canon d' roule dans un support oblique g' qui est vissé sur le côté du chariot p : il résulte de cette disposition que la vis sans fin c' a deux mouvemens, l'un rotatif qui lui est donné par son axe f', et l'autre qui a lieu dans le sens de celui du chariot, et qui lui est imprimé par la pression qu'exercent sur son filet les dents de la roue b'.

L'axe f' de la vis sans fin reçoit son mouvement de rotation d'un engrenage composé de trois roues d'angle h', h'', h'''. Ce mouvement est communiqué par la poulie en fonte i à plusieurs gorges qui reçoit le sien d'une corde appliquée au moteur principal.

La poulie i' est à jour dans toute sa surface, comme on le voit dans la fig. 31, pl. 4 : elle est creusée intérieurement de manière à avoir une égale épaisseur dans toute son étendue et être par conséquent moins pesante.

Les différens diamètres de cette poulie permettent de changer la corde de gorge, lorsqu'on veut changer la vitesse de la vis sans fin c', et pour qu'on ne soit point obligé d'allonger ou de raccourcir la corde dans ce changement de position, cette poulie répond à une autre poulie conique d'un égal nombre de diamètres correspondans à ceux de la poulie i', mais placés dans un ordre opposé ; c'est-à-dire, de manière que le plus grand diamètre de l'une des poulies doit répondre au plus petit diamètre de l'autre et ainsi de suite, de sorte qu'il y a compensation et que la corde reste toujours tendue quelle que soit la gorge qu'on lui destine (1).

Pour que la poulie i' puisse dans tous les cas imprimer à l'arbre f de la vis sans fin un mouvement plus lent que celui qu'elle reçoit elle-même du moteur, axe k' tournant dans deux coussinets montés, comme on le voit fig. 5, pl. 5, sur la cage qui renferme l'engrenage, porte un pignon t' de seize ailes, commandant une roue m' de 76 dents montée sur l'arbre: la roue m' est fixée sur la roue d'angle h' avec laquelle elle fait corps; la roue d'angle h'' engrenant à la fois les roues h' et h''' et établie dans le but d'imprimer à la roue h''' un mouvement rotatif en sens inverse de celui de la roue h' est montée et tourne librement sur un goujon qui se fixe par un boulon à écrou sur le support n', fig 29. Les trois roues m', h' et h''' tournent sur l'arbre f de la vis sans fin.

Entre les deux roues h' et h'' est montée à coulisse avec languette et rainure sur l'arbre f un manchon o', fig. 5, 7 et 6, pl. 5, tournant avec cet arbre et embrayant alternativement l'une des deux roues h', h'''.

D'après cette disposition, quand la pièce d'embrayage o' est engagée dans la roue h''', comme on le voit fig. 6, pl. 5. Cette roue entraîne l'axe commun f dans sa rotation, et les roues h' et m', fixées l'une à l'autre, tournent librement sur cet axe: lorsqu'au contraire on dégage la pièce d'embrayage o' de la roue h''' pour l'engager

(1) Cette disposition avantageuse reçoit d'autant mieux son application, si on adopte les bandes de cuir dont nous avons parlé dans la note de la page 37, vol. I.

celle h', alors la roue h''' redevient libre sur l'arbre f' et celle h' entraîne au contraire cet arbre dans le sens de sa rotation qui est inverse à celui de la roue h'''. Il résulte de ce double jeu de l'engrenage que la vis sans fin o' tourne tantôt à droite et tantôt à gauche, selon que l'embrayage se fait dans l'une ou dans l'autre des roues d'angle h' et h'''. Ce mouvement circulaire alternatif imprimé par la vis sans fin à la roue dentée b' de 68 dents, communique au chariot porte-outil p le mouvement horizontal de va-et-vient.

Le mouvement qui fait passer la pièce d'embrayage o' alternativement dans les roues h' et h''' s'opère à l'aide d'un lévier à fourchette p' décrivant à cet effet un arc de cercle dont le centre est en q', fig. 7, pl. V.

À l'extrémité de ce lévier est attaché une tringle horizontale r' fig. 29, pl. IV sur laquelle est enfilée une poignée s' qui se fixe à l'endroit que l'on veut de cette tringle au moyen d'une vis de pression t', et à l'aide de laquelle l'ouvrier change à volonté le mouvement du chariot en poussant la tringle r' à droite ou à gauche. On pourrait encore établir sur le chariot un point de résistance contre lequel viendrait butter la poignée s' au moment où ce chariot serait arrivé à la fin de sa course ; le changement de mouvement du chariot serait alors opéré sans le secours de l'ouvrier.

Pour donner à l'ouvrier le moyen de suspendre et de rétablir à volonté le mouvement du chariot, un lévier u' est retenu à charnière en v' ; ce lévier porte dans sa longueur une broche ou goujon qui s'engage dans une gorge x' fig. 32, pratiquée sur le canon de la roue dentée b' ; l'ouvrier, en poussant ce lévier, dont l'extrémité est armée d'une sphère massive qui lui donne de la volée, fait reculer la roue *b'* qui coule sur l'axe *y*, jusqu'à ce que les dents de cette roue soient entièrement dégagées de la vis sans fin; alors le mouvement du chariot se trouve arrêté et la vis sans fin tourne sur place. Pour rétablir le mouvement du chariot, l'ouvrier n'a qu'à tirer à lui le levier *u'*, ce mouvement fait de nouveau engrener la roue *b'* avec la vis sans fin, et le chariot continue sa marche qui avait été interrompue. »

Industriel, 1re *année*, tome 1er, page 287.

Machine et outils propres à donner sur le tour, à des tabatières plaquées en or sur argent, la forme de poulies.

Brevet d'invention pris le 26 décembre 1817, pour cinq ans, par M. SAILLANT, à Paris.

(*Description des machines et procédés spécifiés dans les brevets d'invention, de perfectionnement et d'importation, dont la durée est expirée*, tom. X, page 80).

Explications des figures.

« Planche 6, (1). Élévation du tour destiné à donner aux tabatières la forme de poulie.
Fig. 28, vue de face du support.
Fig. 29, profil du mandrin en bois, qui s'a-

(1) Nous ne donnons pas copie du dessin de ce tour, qui ne diffère en rien du tour en l'air ordinaire, fig. 81, pl. I.

dapte au tour, et sur lequel on monte le plaqué, après l'avoir apprêté pour le monter sur le tour. Deux bandes de plaqué sont coupées de l'épaisseur de la fente indiquée par le n° 6 sur la filière, fig. 3o, et lissée avec une pierre sanguine, montée sur un manche, comme on le voit fig. 3a (1), qui leur donne le poli.

Les bandes de plaqué sont coupées à neuf pouces de long, sur huit lignes (2), et soudées bout-à-bout pour en faire deux cercles dont un pour le dessous, et l'autre pour le couvercle de la boîte. Ces cercles se montent sur le mandrin fig. 36, pour en rabattre à peu-près trois lignes

---

(1) C'est par oubli qu'on a, dans le cours de ce Manuel, négligé de parler au tourneur des brunissoirs : ce sont des outils dont on se sert rarement, il est vrai, mais qui sont indispensables dans certains cas. Les meilleurs sont faits en pierre sanguine ; ils coûtent assez cher, mais rendent un bon service, d'autres sont faits en pierre fine, silex, etc.; d'autres enfin sont en acier fin, bruni, trempé dans toute sa force. On leur donne diverses formes, ou plutôt on s'en assortit en les achetant, car il n'est guère possible de leur donner soi-même la forme convenable, la fabrication de ces outils faisant la matière d'une industrie particulière. Le brunissoir s'emploie en l'appuyant sur les matières auxquelles on veut donner un brillant de glace. Pour l'argent et d'autres métaux, on mouille la pièce avant de la brunir avec une forte dissolution de savon noir. Le cuivre peut être bruni immédiatement.

(2) Ces mesures, comme on doit bien le prendre, sont relatives à la grandeur du diamètre des boîtes. L'auteur de l'invention aurait dû dire comment s'opère la soudure ; des feuilles aussi minces exigent sans doute un procédé particulier.

à l'effet de former les doucines du pied de chaque poulie; ensuite on replace le mandrin fig. 36, par un autre mandrin fig. 37, portant le calibre de cuire, fig. 38, et formant ensemble une poulie.

Le calibre fig. 38 est brisé, pour donner la facilité de relever les pièces de dedans à volonté; chaque pièce retirée du calibre est recuite, et le calibre remis dedans avec une pointe d'acier, fig. 34. Une pierre de sanguine, montée dans un manche et arrondie, comme on le voit fig. 31 et 32, sert à faire prendre au plaqué la forme du calibre qui est celle de la poulie. La pièce est ensuite recuite, et le calibre, fig. 38, est remis dedans jusqu'à ce qu'il forme la poulie.

La pierre sanguine quoiqu'arrondie, étant, malgré cela trop pointue pour finir la poulie, on se sert d'un brunissoir représenté fig. 35, pour achever cette poulie.

On fait encore usage d'une contrevis en bois avec son mandrin fig. 29, qui se visse dans le mandrin fig. 37, pour retenir la pièce, afin qu'elle ne quitte pas son mandrin.

La poulie terminée, on retire le calibre de dedans la pièce avec la pointe d'acier fig. 34, mais ici il se présente une difficulté, consistant en ce que le calibre en sortant à la fin du travail, se trouve tellement serré entre la pièce, qu'on ne peut l'enlever qu'avec force, et qu'il laisse, par ce moyen à l'endroit de la brisure, un défaut majeur dans la poulie. On remédie à cet inconvénient, en faisant usage d'un petit calibre en cuivre dessiné, fig. 39, qui prend la forme de celui qui entre dedans; on lisse l'endroit dérangé, jusqu'à ce qu'il soit parfait, avec un petit brunissoir, fig. 33, fait en forme de couteau.

La poulie terminée est polie, pour en réunir

ensuite les deux parties. Ces tabatières sont con-
solidées par des cercles d'argent, et terminées à
la manière ordinaire (1). »

*Description d'une méthode pour tailler des vis
et des écrous sur le tour, présentée à la société d'encouragement de Londres, par M. COR-
NÉLIUS VARLEY (2).*

« Cette méthode consiste à disposer sur l'axe
d'un tour une vis modèle, dont le pas soit le
même que celui que l'on veut pratiquer extérieurement sur un cylindre plein, ou intérieurement dans un cylindre creux ajusté dans un

---

(1) Cette description en général n'est pas des plus
claires. Si cette manière de garnir les boîtes était
toujours de mode, et que cet objet intéressât également tous nos lecteurs, nous n'aurions pas manqué
d'étendre une explication que l'inventeur, peu habitué à écrire, et rempli d'ailleurs de son objet, a pu
croire suffisante ; nous pensons néanmoins qu'elle
suffira pour les ouvriers adonnés journellement à ces
sortes de travaux.

(2) En donnant connaissance à nos lecteurs du tour
dont on va lire la description, nous suivons moins
notre avis personnel, qui était de n'en point parler,
que la loi que nous fait la grande réputation qu'on
s'est plu à donner à cette invention ; nous avons
craint d'être accusés de négligence ou d'ignorance ;
nous aurions peut-être néanmoins surmonté cette
crainte, si l'objet nous avait paru ne pouvoir être
d'aucune utilité. Mais il n'en est pas ainsi, on trouvera dans la manière dont sont faites les diverses
pièces de cette machine compliquée, l'emploi de
moyens nouveaux, ingénieux et bons à connaître,
que nous ferons ressortir dans nos notes.

mandrin est placé également sur l'axe du tour :
on engage dans le pas de vis modèle une pointe
mobile et de rechange, placée horizontalement
à la hauteur du centre de l'axe et que l'on arrête
solidement; on présente dans la même position
horizontale un outil tranchant au cylindre que
l'on veut fileter extérieurement ou intérieurement; on fait tourner l'axe du tour, et l'outil
taille sur le cylindre ou dans l'écrou le filet que
l'on veut obtenir, et dont cet outil a lui-même
la figure (1).

Explication des figures qui représentent le
tour sur lequel se font ces deux opérations.

Fig. 9 et 10, pl. 6; plan et élévation latérale du
tour disposé pour tailler une vis.

Fig. 27 et 11; plan et élévation de côté du
même outil monté pour tailler un écrou (2).

_____

(1) Cette méthode ainsi présentée, n'offre aucune
nouveauté : c'est absolument celle que l'on a toujours
employée pour fileter sur le tour.

(2) Une première observation à faire, c'est que les
pas de vis ne sont pas placés, dans le dessin, dans l'ordre le plus convenable, qui est l'ordre ordinaire, et
dont on ne paraîtrait s'être écarté que dans la seule
intention de ne point faire comme tout le monde fait.
Et cependant si l'usage de mettre le plus gros pas à
droite était à introduire, ce devrait être pour le tour
de M. Varley, parce que la cheville constructrice (et
le peigne y étant unis par la règle (, l'outil aura d'autant plus de force que (et y seront rapprochés : or,
comme il faut beaucoup plus de force pour tailler un
gros pas qu'un pas fin, il en résulte que les pas se
trouvent placés dans un ordre exactement opposé à
celui qu'il conviendrait de leur faire suivre.

La forme de la partie antérieure de cet arbre n'est
d'ailleurs pas facile à comprendre. Comment se monte

Les figures 12, 13, 14, 15, 16, 17, 18, 19, 20, 21, 22, 23, 25, 26, sont des détails sous différentes vues des principales parties qui composent ce mécanisme.

a cylindre formant l'axe du tour; sa surface est garnie de quatre pas de vis différens *b c d e* destinés à servir de modèles à celui que l'on veut former sur le cylindre *f*, fig. 9 et 10, ou dans le cylindre creux *g*, fig. 11 et 27. Les cylindres *f* et *g* s'ajustent l'un ou l'autre dans le mandrin *h* selon que l'on veut faire une vis ou un écrou, et ce mandrin se fixe comme de coutume sur le bout de l'axe *a* du tour.

i fig. 9 et 27, règle en fer placée horizontalement à plat et sur laquelle glisse la pièce à coulisse *k*, fig. 9, que l'on voit de côté et dans ses détails, fig. 13, 14, 15, 17, 18, 19 et 20. La pièce *k* sert de support à la porte de rechange *l*, que l'on enfile dans cette pièce comme dans un étui, et dont le bout est taillé pour entrer exactement dans la partie évidée du filet *b*, fig. 9. On conçoit qu'il faudrait changer cette pointe contre une

---

le mandrin *h*? Fait-il corps avec l'arbre? Cela ne peut se supposer; car alors l'arbre ne pourrait passer par la lunette conique dans laquelle il passe. Est-il vissé comme à l'ordinaire sur le nez de l'arbre, cela ne peut encore avoir lieu; où est l'embase contre lequel il doit appuyer; pourquoi cet espace entre le mandrin et la poupée? Ce mandrin *h* n'est pas assez long pour contenir le nez de l'arbre et une partie quelconque du cylindre à fileter. Il est probable, mais c'est une supposition que nous faisons, *h* n'est point le mandrin, mais l'embase, *f* n'est point le cylindre, mais le nez de l'arbre : dans tous les cas il y a obscurité.

plus mince si on voulait qu'elle fut engagée
dans l'un des pas de vis *c d e* qui sont de plus
en plus fins.

La pièce à coulisse *k* est formée de deux
plaques *k* et *k'* fig. 21 qui, par leur réunion au
moyen de chevilles rivées en cinq endroits sur
la partie supérieure représentée en dedans sous
la lettre *m*, fig. 13, 14, et en deux endroits à
l'extrémité opposée, en forment l'épaisseur ;
entre ces deux plaques est réservé un espace
vide formant une mortaise dans laquelle glisse
la règle *i* (fig. 21); cette mortaise reçoit dans la
partie inférieure une petite pièce représentée
sous deux faces, par la lettre *n*, fig. 17 et 20,
laquelle est traversée par deux des chevilles rivées qui servent à assembler les plaques *k* et *k'*;
la pièce *n* est percée au centre d'un trou taraudé
qui reçoit une vis *o*, fig. 21, terminée en forme
d'anneau de clé et servant à fixer la pièce à
coulisse *k*, lorsque cette pièce est ajustée sur la
règle *i*, de manière que la pointe *l* se trouve placée dans celui des pas de vis que l'on veut imiter.
Le bout de la vis *o* appuie contre une pièce (1)
p, fig. 15, également placée dans la mortaise
et entrant dans la pièce *n*, fig. 17, 20, dont elle
forme la contre-partie, pour que le bout de la
vis *o* ne puisse endommager la règle *i*.

---

(1) C'est ce qu'on nomme en langage technique un
lardon. On lui a fait une courbure qui doit donner
beaucoup de peine pour l'exécution : notre lardon
droit, avec deux coudes aux extrémités pour le maintenir, doit remplir le même office et est bien plus
facile à faire. Néanmoins, cette construction de la
pièce *h*, qui est celle de la partie *q*, est très-digne de
remarque ; c'est une idée nouvelle. Les coulans d'une

q, deux plaques posées à plat, l'une d'un côté et l'autre de l'autre, sur le bout de la règle *i*; elles sont assemblées sur le bout de cette règle au moyen de quatre chevilles rivées comme on le voit fig. 9 et 27. Leurs extrémités extérieures sont réunies et fixées comme la pièce *k* sur une petite pièce *r* au moyen de deux chevilles rivées ; au milieu de la pièce *r* est un trou taraudé pour recevoir la vis de pression et à anneau *s*.

t règle formant angle droit avec la règle *i* qui est de même épaisseur et glissant contre le bout de cette dernière règle, où elle appuie au moyen de la vis de pression *s* entre les deux plaques *q* qui lui servent de guides.

Sur la tête de la règle à coulisse *t* sont formées par quatre petites pièces de rapport *u* fig. 16, solidement ajustées par des goupilles rivées, deux coulisses *v*, *x* formant angle droit et destinées à recevoir l'une *v* l'outil *y*, fig. 9 et 10, destiné à former le filet d'une vis, et l'autre *x* l'outil *z* fig 11 et 27 qui doit tailler l'écrou. L'un des deux outils *y* ou *z* étant logé dans sa coulisse *v* ou *x*, on le recouvre par une plaque *a'* que l'on serre fortement contre l'outil au moyen de deux vis placées comme on le voit dans les fig. 9 et 10.

b' fig. 9 et 10, pièce ayant double coude et servant de support à l'outil *y* pendant tout le

---

seule pièce sont très-difficiles à bien faire, un ouvrier n'y parvient qu'avec beaucoup de peine et à l'aide de mandrins dispendieux. Cette manière de composer une coulisse de plusieurs pièces est bonne à répandre. Quant au crochet qui termine les vis de pression *s* et *o*, il ne vaut ni la boucle, ni l'olive ordinairement employées.

temps que cet outil travaille. Dans les fig 11 et
27 une pièce *c'* est vissée contre ce support et
se prolonge à angle droit pour que la vis de
pression *d'* puisse appuyer dessus. Dans la fig.
10 une vis *e'* en poussant plus ou moins le support *b'*, permet à ce support de soutenir l'outil
y en même temps qu'il règle la position de cet
outil pour donner la profondeur au filet. Ce support sert aussi, selon qu'il est placé parallèlement
ou incliné à l'axe de la vis, à déterminer l'angle
du filet (1).

f' fig. 9 et 10, table rectangulaire servant de
support à la pièce à coulisse *k*; elle porte un
rebord *g'* contre lequel repose la pointe direc-
trice *l*.

Manière de travailler avec cette machine.

L'ouvrier tient de la main gauche le bout de
la pièce à coulisse ou porte-guide *k*, de manière
que la pointe ou guide *l* soit serrée dans l'un
des filets *b c d e*, tandis que la main droite tient
la règle *t* qui sert de manche à l'un des outils *y*
ou *z*, et assure ainsi la taille. L'outil travaille
toujours dans la même direction, et lorsque le
fond de cet outil touche le fond du filet, ou, ce
qui revient au même, lorsque le filet est formé
dans toute sa hauteur, l'outil *y* et le guide *l* sont
à l'instant éloignés des vis par un mouvement
parallèle opéré en arrière avec les deux mains.

---

(1) Phrase difficile à comprendre. Comment ce support *b'* est-il supporté lui-même? L'angle du filet est
déterminé par le peigne; nous ne voyons pas comment il peut l'être par le support.

Lorsqu'on veut recommencer l'opération, le tout est ramené en avant par un mouvement semblable des deux mains, et le travail recommence comme auparavant (1) et jusqu'à ce que la vis soit faite dans toute sa longueur.

---

(1) Nous ne voyons nullement comment ce mouvement est réglé ; l'outil est-il poussé en avant par la force des bras ? Il doit, dans ce cas, être dur à manœuvrer. Le pas est-il taillé d'une seule fois ou à plusieurs reprises ? D'une seule fois ? cela n'est pas probable ; nous ne voyons aucune indication qui puisse le faire présumer. En plusieurs fois ? il faut donc faire avancer le peigne y à mesure qu'il pénètre dans la matière ? Mais comment y parviendra-t-on ? sera-ce en desserrant la plaque a' ? autre omission dans l'explication. Le mouvement est-il continu ou alterné ? S'il est continu, comment retire-t-on l'outil? est-ce avec la main ? Mais alors comment tournera-t-on rond ? Si, comme il est probable, le mouvement est alterné, comment le balancement est-il réglé ? L'outil et le conducteur tomberont souvent en dehors, l'un du cylindre, l'autre du pas régulateur, et dans ce cas encore, où donc est la garantie que l'on tourne rond avec un outil qui va et vient ? Si le cylindre *f* est d'un fort diamètre, comment disposera-t-on l'outil y qui ne peut reculer plus loin que la pièce a'. Si l'on veut faire un taran conique, comment inclinera-t-on le peigne ? Toutes ces questions, et beaucoup d'autres que nous pourrions faire, resteront sans réponse, ou du moins dans l'état actuel de la description verbale et de la figure ; nous ne concevons pas, quant à nous, comment elles pourront être résolues, et nous sommes frappé d'étonnement en entendant préconiser une machine qui, non comprise par ceux mêmes qui la vantent, n'a d'autre mérite que d'avoir, nous ne dirons pas été exécutée, mais conçue en Angleterre. Le plus imparfait de nos tours parallèles vaut, on pourrait dire mille fois mieux, s'il était possible d'établir une comparaison.

Quoiqu'il soit d'usage dans cette opération d'éloigner l'outil de la règle *i* d'une quantité assez grande, il faut cependant le rapprocher autant que possible de cette règle lorsqu'on veut obtenir des vis d'un filet très-soigné ; c'est ce qu'on obtient en disposant la règle *i* comme on le voit par trois faces, figures 18, 19, 23 et 22 (1).

L'extrémité de cette règle qui porte la pointe ou guide *l* est une pièce en cuivre *h*, dans laquelle est pratiqué un trou conique pour recevoir le guide *l* qui doit s'engager dans les filets de la vis modèle. La pièce *h'* qui embrasse le bout de la règle *i* porte une oreille verticale *k'* fig. 23, que l'ouvrier tient entre ses doigts.

l pièce à coulisse enfilée sur la règle *i* et ajustée de manière à pouvoir glisser sous le filet de la vis. Cette pièce que l'on voit de côté fig. 22 est réunie par deux vis *m*, logées dans des coulisses avec la règle *i*; c'est entre ces deux pièces qu'est placé et serré fortement l'outil *y*; la vis *e'* dans cette figure est destinée au même usage que celle qui est représentée sous la même lettre fig. 10.

o' trous pratiqués verticalement sur la règle *i* pour recevoir les vis *m'* lorsqu'on veut rapprocher l'outil *y* et la plaque *l'* de la pointe *l.*

Lorsqu'on veut former une longue vis sur un petit cylindre, on conçoit que ce petit cylindre pourrait fléchir par la pression qu'exercerait sur

---

(1) Toute cette démonstration est obscure; nous ne pourrions tenter d'y jeter du jour sans entrer dans des suppositions qu'il ne nous est pas permis de faire.

lui l'outil qui taillerait le filet. On remédie à cet inconvénient en disposant ce cylindre de la manière représentée en plan fig. 26, et de côté fig. 25, et dont voici l'explication.

a, cylindre sur lequel on se propose de tailler une vis. *b*, plaque en cuivre portant en dessous l'outil à tailler *c* qui y est retenu au moyen des deux vis; cette plaque a son extrémité recourbée comme on le voit dans la vue de côté; environ un tiers de la circonférence du cylindre *a* est reçu dans la partie concave de cette courbure qui repose sur le cylindre, et l'empêche de se relever et de se fausser lorsqu'il est soumis à l'action de l'outil *e* qui est contenu lui-même par le support *d* (1).

Le cuivre est le métal qu'on doit employer de préférence pour la plaque *b*, parce que s'il arrive que l'outil *c* exerce dans son travail une pression un peu trop forte sur le cylindre à fileter, le filet de la vis exerçant à son tour une pression contre la paroi intérieure de la partie concave de la plaque *b*, y imprime une trace qui a l'avantage

---

(1) Ce support est bien entendu, mais il est mal dessiné; la courbure doit être faite de manière à offrir le soutien à la partie de la circonférence opposée à celle attaquée par l'outil, afin qu'il puisse former obstacle à la flexion de la pièce : tel qu'il est dessiné il ne serait d'aucune utilité. On trouve, décrite dans le n° de mai 1829, du Journal des Ateliers, page 109, une méthode simple, sûre et facile de fileter les cylindres longs en les maintenant entre deux pointes, et qui est bien supérieure à celle de M. Varley. Nous renvoyons le lecteur à ce journal, auquel nous avons déjà fait assez d'emprunts, et que nous ne pouvons transcrire en entier.

de devenir elle-même un guide qui empêche l'outil de pénétrer dans la vis plus avant qu'il ne doit le faire (1) et qui prévient complètement tout changement dans l'angle que l'outil doit former sur le filet.

L'outil *c* peut servir à creuser le filet d'une vis déjà faite par les procédés ordinaires, pour en rétablir le pas, ou bien pour tailler des vis d'après des modèles. Dans ce dernier cas cet outil se visse avec sa plaque *b* sur la règle *t* (2) des figures précédentes à la place de l'outil *y* et de la plaque *l'* des fig. 18, 19, 25 et 22. »

L'industriel tome II, N° VII, page 36.

_____

(1) Fausse conclusion.

(2) Il y a ici une lacune dans l'explication ; comment et où pose-t-on cette plaque *b*, sur la règle *t* ?
Le lecteur conviendra sans doute avec nous qu'il y a un peu de légèreté dans les jugemens que le public porte d'abord sur certaines inventions. Cette méthode de faire les vis et les écrous est beaucoup plus difficile à suivre, beaucoup plus dispendieuse, doit donner des résultats moins satisfaisans, que la moindre de celles maintenant mises en usage. Serait-il sage d'échanger le bon contre le mauvais, toute nouveauté qu'il puisse être. Nous regrettons néanmoins que l'auteur n'ait rien dit de la forme particulière de la cale de son support à colonne ; nous invitons les amateurs à la méditer : dans certains cas elle doit être fort commode, en dispensant l'ouvrier de remuer la semelle. Tout est original et neuf dans le tour de M. Varley, et tout en en blâmant l'ensemble et la majeure partie des détails, nous ne regrettons pas le temps que nous avons mis à en faire l'étude.

Description d'un tour perfectionné par M. SMART,
   décrit dans le 8ᵉ volume, 2ᵉ série du *Reper-
   tory of arts and manufactures*, page 200.

« L'auteur ayant eu besoin d'un grand nombre
de perches et de piquets parfaitement cylindriques, et ayant reconnu que leur fabrication ordinaire entraînait une perte de temps considérable, a imaginé le tour dont nous allons donner
la description, et au moyen duquel des perches,
après avoir été sciées à huit pans, peuvent être
tournées avec facilité et promptitude, de manière à conserver partout un diamètre égal, et à
prendre la forme cylindrique.

A B C fig. 44 pl. 5, représentant les poupées
d'un tour ordinaire; D est une poupée addition-
nelle, fixée par un coin sur le sommet du tour,
pour recevoir une tige mobile carrée en fer *d*,
qu'on fait avancer ou reculer au moyen de la
vis de rappel *c*, portant une manivelle.

Les détails de cette vis et de la tige carrée,
sont représentés dans la figure 45; on voit en *c*
une portion de la vis dans l'extrémité taillée en
pointe, se loger dans un renfoncement pratiqué
au centre et à l'extrémité de la tige; une gorge
a, fig. 45, taillée sur le bout de la vis, reçoit les
mâchoires *bb*, fixées sur la tige, et qui forment
ainsi une espèce de collet, servant tout à la fois
à retenir la vis, et à faire avancer ou reculer
la tige.

Deux barres en chêne E F, soutenues par les
pièces de bois G G G, sont fortement attachées
de chaque côté des poupées B et D; elles portent des coulisses sur lesquelles glissent les pièces
de bois L et M, qu'on voit séparément dans les
figures 46 et 47.

Le mandrin H, figure principale, tourne avec une vitesse de 1300 révolutions par minute, au moyen d'une poulie de renvoi, communiquant par une corde sans fin, avec une roue que deux hommes font mouvoir.

I est une potence fixée au sommier, et surmontée d'une poulie dans la gorge de laquelle s'engage la corde sans fin, pour empêcher qu'elle ne frotte dans l'endroit où elle est croisée.

L'extrémité *f* du mandrin H, porte trois pointes fortes et longues, destinées à recevoir le bout de la perche.

La figure 46, représente le mécanisme propre à dégrossir les perches, c'est-à-dire à abattre leurs arêtes. A B, sont des planches fixées sous la pièce de bois C, et dont le bord intérieur s'engage dans les coulisses pratiquées de chaque côté des barres E F fig. principale. Le centre de cette pièce de bois, dont l'extrémité inférieure E, coule entre les deux barres, est percé d'une ouverture circulaire D, destinée à recevoir la perche sur laquelle agit une gouge *d*, fixée sur le support *e* adapté à la pièce de bois C.

L'autre mécanisme, fig. 47, sert à unir les perches; il est semblable au précédent, à l'exception que l'ouverture D, est garnie d'un collet en fer *f*, destiné à la renforcer. Un fer de rabot ordinaire G, est fixé par des vis sur la partie en talus de la pièce de bois C; son extrémité tranchante H, entre dans le trou circulaire, où elle forme une saillie; elle est taillée obliquement; mais les angles en sont abattus.

Pour se servir de ce tour, les appareils figures 46 et 47, sont placés sur des barres de bois E F, figure d'ensemble, de manière que l'outil finisseur M, se trouve près de la poupée D, et glisse en arrière en même temps qu'elle. Pour cet effet, la barre carrée *d* est assez longue pour former saillie à cause du trou D.

La perche, qui aura été sciée préalablement à huit pans, à l'aide d'une scie circulaire, est fixée ensuite dans le tour. L'une de ses extrémités est chassée à coups de maillet, dans les pointes saillantes du mandrin H, tandis que l'autre est assujétie par le bout pointu de la barre carrée *d*.

Alors on imprime un mouvement de rotation à la perche, en tournant la roue, et l'on fait glisser le long des barres E F, l'appareil L qui porte la gouge destinée à dégrossir. Cette gouge enlève sur la perche des copeaux en spirale; aussitôt qu'elle a atteint la poupée B, on fait avancer l'appareil portant l'outil finisseur qui rend les parties de la perche sur lesquelles il agit parfaitement lisses.

Cette opération étant achevée, on arrête le tour; on détourne la manivelle de la vis *c*, et on enlève la perche de dessus le mandrin H qui est assez long pour former une saillie, lorsque les outils L et M sont poussés contre la poupée B; ces outils sont ensuite remis en place, et on fait succéder une nouvelle perche à celle qui a été tournée.

Si l'on voulait tourner des perches plus ou moins longues, il suffirait de faire avancer ou reculer la poupée D, et le support E, qu'on assujétit sur le sommier par des coins en bois, après avoir enlevé les chevilles qui fixent les barres E F, de chaque côté de la poupée D.

L'auteur assure qu'à l'aide de ce tour, une perche de sapin de cinq pieds et demie de longueur, et de deux pouces de diamètre, sciée en prime octaèdre, peut être rendue parfaitement

cylindrique et unie en une demie-minute : une
perche de frêne des mêmes dimensions, exige
une minute. Deux hommes, l'un tournant la
roue, et l'autre faisant agir les outils, peuvent
tourner aisément six cents perches de sapin en
douze heures. (*Daclin »*). (1).

(*Bulletin de la Société d'Encouragement, pour
l'industrie nationale*, XIIe année 1813, page
79, N° cvi.

———————————

(1) Le titre de *Tour perfectionné*, donné à l'outil de
M. Smart, paraîtra sans doute un peu ambitieux :
c'est une méthode d'accélérer le travail dans un cas
particulier. Cet article n'est point rédigé avec clarté :
cependant, tel qu'il est, il pourra faire naître des idées.
Il nous semble que l'auteur a inutilement compliqué
sa démonstration. La poulie *i* et son support sont
inutiles ; on évite le frottement de la corde à l'endroit
du croisement, en dérangeant un peu le parallélisme
de l'axe de la roue motrice avec l'axe de la poulie.
La seconde poulie ne fait que donner un frottement
de plus. L'utilité de la pièce carrée ne nous paraît
pas plus démontrée ; la machine irait bien sans elle.
Quant à la structure des rabots, fig. 46 et 47, elle est
absolument vicieuse ; à quoi sert-il qu'il y ait un trou
dans lequel passe la perche à dresser, puisque la paroi
de ce trou ne touche pas, et ne peut, par conséquent,
servir de garantie contre la flexion de cette perche :
ce trou ne peut servir qu'à limiter l'usage des rabots
à des bois d'un diamètre déterminé. L'idée première,
l'expérience faite de la grande promptitude d'exécution, sont les seules choses à considérer dans ce pré-
tendu tour perfectionné. Quant à la construction de
la machine, c'est une chose à refaire en entier. Si les
rabots doivent servir en même temps de lunettes, pour
prévenir les dardemens et broutemens, les ouvertures
doivent être faites autrement ; le placement des fers

2. 20

Tour de M. MAUDSLAY (1).

La perfection des travaux mécaniques dépend en grande partie de la perfection des machines appliquées à ces travaux, et la perfection des machines de celle que l'on a donnée aux instrumens, aux machines-outils employés pour la construction.......... Nous n'avons à entrer dans aucun détail sur l'objet du tour, tout le monde le connaît ; nous n'avons pas besoin non plus de parler de l'établi sur lequel il est solidement posé, et qu'on peut arranger comme on le juge à propos ; il suffira de décrire le tour proprement dit, avec les différentes pièces dont il est composé.

Planche 6, fig 1re *a b c*, sont de petits montans en fonte, fixés sur l'établi par des vis qui les traversent ; ils portent une barre triangulaire,

exige des précautions dont il n'est fait aucune mention dans le rapport : c'est ce qui devait cependant fixer toute l'attention. Il y a, dans tout l'appareil, profusion de moyens relativement à l'objet obtenu. Les coulisses E E, leurs supports, tout cela est de trop ; l'entre-deux des jumelles du banc remplirait leur office ou à peu de chose près. Cependant nous le répétons, l'idée est bonne au fond ; c'est ce qui nous a déterminé à la reproduire, afin qu'élaborée dans les ateliers ou par des amateurs instruits, elle puisse devenir la source d'une amélioration réelle.

(1) Le tour de M. Maudslay est une machine-outil très-remarquable, bien supérieure au tour de M. Varley, dont nous avons donné la description page 228. Il n'est pas, comme ce tour, une idée absolument

A (1) sur laquelle sont fixées les poupées B, C
et D, avec une exactitude parfaite D, qu'on ap-

---

nouvelle, mais il présente réunis des moyens de perfectionnement, mis déjà en usage dans diverses circonstances. La description de ce bel instrument,
telle que nous l'empruntons en la transcrivant mot à
mot, ne serait pas comprise par la majeure partie des
lecteurs; et comme nous tenons beaucoup, vu l'importance de l'objet, à ce que tout soit entendu facilement, nous nous efforcerons d'éclaircir les points qui
nous paraîtront obscurs.

(1) La forme triangulaire donnée à cette barre n'est
pas la plus favorable; elle vaut assurément mieux que
celle carrée ou parallélipipède, qu'on voit encore
communément employées; mais il a été reconnu
qu'elle ne remplissait pas toutes les conditions dési-
rables. Elle affaiblit considérablement les barres et
exige, pour les pièces qui glissent dessus, une grande
largeur. D'une autre part on a remarqué que lorsque
l'angle du sommet du triangle équilatéral qu'elle
forme vient à toucher, il ne s'opère plus de pression
sur les deux côtés, qu'il n'y a plus que deux points
de contact, celui de la vis de pression, et celui du
sommet du triangle; que ces deux points, situés sur
une même ligne, n'offrent point de garantie contre
les ébranlemens. En conséquence, lorsqu'on veut atteindre la perfection, on donne à la coupe de cette
barre la forme trapézoïdale représentée fig. 3, pl. 1V.
On comprend au premier coup-d'œil, et sans qu'il
soit besoin de s'appesantir sur la démonstration, que
cette forme est plus avantageuse, en ce que la barre
est plus résistante, que la pression des longs côtés est
plus forte, et que l'époque où il y aurait ballottement
par suite de compressions réitérées, est impossible à
prévoir. On met, si l'on veut, un lardon en cuivre
sur le petit côté du trapèze; ce lardon remplit l'es-

pelle la *poupée de derrière* (1) peut être arrêtée
à volonté sur un point quelconque de la barre,
par une vis placée en dessous. Les deux autres
poupées B et C, sont tenues à vis par le bas sur
les montans *a* et *b*, et tiennent ensemble par une
traverse appliquée sur la barre, et fondue d'un
seul jet avec les poupées. Ces dernières soutien-
nent l'axe ou arbre E du tour ; l'une porte une
vis avec pointe d'acier trempé pour entrer dans
un petit trou pratiqué au centre et à l'extrémité de l'arbre, et l'autre un collet également d'acier trempé pour recevoir le bout de
l'arbre, et l'emboîter avec la plus parfaite exactitude (2).

---

pace laissé libre et facilite les pressions ordinaires. La
mortaise des coulans n'est pas plus difficile à faire :
dans l'un et l'autre cas, elle est faite au mandrin, et
un mandrin trapézoïdal n'est ni plus coûteux ni plus
difficile à faire qu'un mandrin triangulaire.

(1) Lisez la poupée de devant ou de droite.

(2) Il y a ici une obscurité dans la rédaction, qu'il
ne nous est pas possible de dissiper, la figure ne nous
aidant en rien. Par le mot *collet*, veut-on entendre la
partie de l'arbre qui porte ce nom ? nous ne pouvons
le croire, car si le collet était d'acier trempé, l'arbre
entier serait de cette matière : il est bien plus présumable que ce mot de *collet* est ici pour coussinet. Le
coussinet d'acier trempé, lorsqu'il est poli et bruni,
est d'un fort bon usage ; mais il faut qu'il soit de deux
pièces avec vis de pression, parce que le collet de
l'arbre se rode dans ce coussinet, et qu'il diminue en
diamètre. Or, si le coussinet est en bague comme
semble l'annoncer le dessin qui marque la poupée
d'une seule pièce, sans vis de pression, le trou de ce
coussinet doit être conique, afin qu'il soit possible de

Au bout de l'arbre E, au-de là du collet emboîté dans la poupée est une vis d, qui sert à fixer la pièce qu'on veut tourner (1).

La poupée D, est percée à son sommet d'un trou dont l'axe est rigoureusement dans la direction de celui de l'arbre du tour; une clavette d'acier assujétit une pointe conique e, pour soutenir l'extrémité d'une longue pièce à tourner. Cette pointe est retenue lorsqu'il le faut, par une vis g au sommet de la poupée (2), et peut avancer au besoin, par une vis f (3).

---

rétablir, au moyen de la pression de la vis à pointe, l'immobilité de l'arbre. L'embase placée comme on le voit dans la figure au revers de la poupée, nous semble un contre-sens qui occasione gratuitement une augmentation de frottement : ce n'est guère dans le sens de l'axe que le dandinement est à craindre, c'est dans le sens contraire, parce qu'alors on tourne excentriquement. Tous les tourneurs comprendront l'importance de notre objection. Quant à la manière dont les *poupées B C sont tenues sur les montans* a b, *et la traverse appliquée sur la barre*, rien de tout cela ne résulte du dessin ; mais c'est d'ailleurs une chose peu importante, nous l'abandonnons à la perspicacité du lecteur, qui saura la débrouiller.

(1) Le nez de l'arbre.

(2) Une vis de pression.

(3) Cette vis f derrière la broche e est d'une mauvaise construction : on en trouvera une bien préférable dans le mois de juillet 1829 du Journal des Ateliers, attribuée à M. Collas, habile tourneur-mécanicien de Paris. M. James Clément de Londres a eu la même idée, peut-être même avant M. Collas ; nous ne donnerons pas la description de son tour compliqué, parce qu'elle nécessiterait trop de figures.

La barre A porte, outre ses poupées, un support pour l'outil; on voit en F, comment il est fixé sur cette barre.

Un curseur est disposé sur un support, de manière à pouvoir glisser dans une direction perpendiculaire à la barre, et la même vis qui est au-dessous attache le support à la barre ainsi que le curseur au point où l'on veut de cette dernière.

Le curseur porte une pièce en forme de T sur laquelle l'outil se place; ce T est disposé de manière à prendre toutes les positions que le travail de l'outil peut exiger.

Un autre genre de support qu'on nomme à coulisse est une addition très-utile au tour, lorsqu'on veut tourner avec une grande exactitude. Ce support porte deux curseurs qui peuvent se mouvoir en sens contraire, et à l'un desquels l'outil est fixé. Avec une vis à main, on amène l'outil à la pièce à tourner dans le sens qu'on le veut; les fig. 1, 2 et 3, représentent cette pièce ingénieuse du tour. On voit en F, comment ce support est placé sur la barre, et comment, au moyen d'une vis, on peut l'y arrêter sur un point quelconque.

On visse sur la face supérieure du support deux lames de cuivre portant une rainure (1)

(1) Ces pièces en cuivre ne portent point de rainures, elles sont chanfreinées et forment un angle rentrant: c'est ainsi qu'elles se font toujours et qu'elles sont indiquées dans le dessin; on peut d'ailleurs, pour connaître leur construction et l'ovalisation des trous, qui sert à leur donner une espèce de mobilité, consulter le support à chariot de M. Séguier et de M. le comte de Murinais, fig. 6, — 28, pl. IV.

dans laquelle glisse aisément et avec précision le curseur *h*.

Une vis *i* est montée sur la partie F du support, et pénètre dans une pièce saillante qui part du côté inférieur du curseur (1); quand on fait tourner cette vis, le curseur avance ou recule dans la rainure dont nous venons de parler.

Sur le curseur *h*, est une pièce *k*, portant un autre curseur *l*, muni d'une vis *m* comme le premier, pour le faire mouvoir, et portant une pièce *n*, percée de trous carrés en deux sens (2) pour recevoir l'outil *o*; une vis est placée au-dessus pour fixer cet outil.

Le support à coulisse étant monté, comme on le voit fig. 1re sur la barre, le curseur supérieur *l* est parallèle avec l'arbre, et le curseur inférieur *h*, lui est perpendiculaire.

Pour tourner une surface plane, l'outil est placé comme on le voit sur la figure 1re. Maintenant, si l'on tourne la vis *m* du curseur supérieur, l'outil avance et se met en contact avec la pièce à travailler, on le promène alors sur cette dernière, pour dresser parfaitement cette surface.

Quand il s'agit de tourner un cylindre entre centres, l'outil *o* est placé dans le support *n* dans une direction perpendiculaire à celle de l'outil

(1) Voir la description des supports mentionnés dans la note précédente, sur la manière dont ces vis font le rappel, et sur la situation de l'écrou au moyen duquel s'établit le mouvement de va-et-vient.

(2) Voir page 232, figure 16, la description du porte-outil de M. Varley.

que l'on voit fig. 1ᵉ; alors par le curseur inférieur *h*, on amène l'outil au diamètre du cylindre projeté (1) et par le curseur supérieur on
porte l'outil le long du cylindre pour le tourner.

Le support à coulisses peut également servir à
tourner des cônes au moyen des dispositions suivantes.

La pièce *k* qui porte le curseur supérieur est
fixée au curseur inférieur par une clavette; elle
peut se mouvoir circulairement et s'arrêter sous
toutes les inclinaisons par deux vis *p*, qui passent en travers les rainures circulaires *q*. (Voyez
fig. 6, 7.) Par ce moyen, le curseur supérieur est
incliné par rapport à l'arbre du tour, sous un
angle quelconque, pour tourner un cône soit
creux, soit solide (2).

Le support à coulisses peut être rendu propre
à fileter des vis, au moyen des dispositions présentées par les figures 4 et 6 (3).

Une barre G, exactement des mêmes dimensions que celles dont il a été question plus haut,
y est convenablement disposée et fixée par la vis
r. Le support à coulisses est placé sur cette barre.

---

(1) Ce charlot n'a point de buttoir: c'est un défaut;
les Anglais sont cependant dans l'habitude d'en mettre à leurs tours. Voir un moyen simple de donner
cette perfection au support, pl. IV, fig. 6, 7, 9, à
l'occasion du support de M. de Murinais.

(2) Voir le même support, pour le moyen d'avoir
toutes les inclinaisons, pl. 4, fig. 13.

(3) Les démonstrations qui suivent sont de la plus
haute importance; elles abordent une question qui
n'a pas encore été traitée.

Ces curseurs se trouvent maintenant dans une direction perpendiculaire à celle qu'ils avaient auparavant, quoiqu'au même niveau. La vis à tailler, représentée par H, fig. 4, est montée entre les centres; on lui donne la forme d'un cylindre parfait, au moyen d'un outil placé sur le support n, et promené parallèlement à l'arbre du tour, en tournant la vis i du curseur inférieur (1).

Cela étant fait, on dispose une roue dentée V sur le nez du tour, et une autre W au bout de la vis i du curseur inférieur, laquelle tourne avec l'arbre du tour. Un outil propre à former le filet de la vis projetée (2) est arrêté dans le support n, et porté en avant par la vis m du curseur supérieur, pour toucher le cylindre H. (Voyez fig. 6.)

Lorsque le tour marche, l'outil se promène le long de la pièce, au moyen de la vis du curseur inférieur, en même temps que cette pièce tourne, et sur laquelle il trace une hélice. Arrivé au bout de la vis, qu'il ne fait qu'ébaucher la première fois, on le retire, et l'on fait mouvoir le tour en sens contraire (3) afin de reporter l'outil au pre-

---

(1) La vis destinée à être taillée ne peut être ainsi suspendue entre deux pointes; c'est une erreur facile à rectifier, soit en prenant le bout de la gauche dans un mandrin à quatre vis, soit en adaptant au tour, un taquet, et en mettant un cœur sur le cylindre H.

(2) Peigne ou grain-d'orge.

(3) Cette manière de fileter peut être employée à la grande rigueur; mais les difficultés qu'elle présente la rendent presque impraticable : comment arrêter la roue motrice à temps pour la faire tourner en sens contraire; on produit aisément un balancement pour fileter, cela se voit tous les jours; mais on n'ar-

mier point de départ. En tournant la vis *m*, on fait couper l'outil plus avant que la première fois, et la vis est taillée de nouveau (1). Pour la terminer, il faut répéter l'opération quatre ou cinq fois. On peut fileter de cette manière toute espèce de vis en changeant simplement la proportion des roues dentées V et W, qui mettent en communication l'arbre du tour avec la vis du curseur inférieur. Il est évident que si ces roues sont d'une égale grandeur ; on formera une vis dont le filet sera de la même largeur (2) que celui de la vis *i* du support à coulisse, et si la roue W est la plus grande, la vis taillée sera plus fine ; mais si au contraire la grande roue est fixée sur l'arbre, on aura une vis d'un filet plus alongé (3) que la vis *i*. Le tour est muni de roues de différentes dimensions que représentent les cercles ponctués V (fig. 6).

La vis taillée de cette manière, portera des fi-

---

rête pas la roue lorsqu'elle a pris sa volée et qu'elle a fait cinq à six tours. Dans quelques bons ateliers de Paris on a un moyen, que M. Maudslay ignore sans doute, de produire le va-et-vient du chariot par un mouvement continu de la roue motrice, sans qu'il soit besoin de roues dentées ; nous aurions décrit ce moyen s'il n'avait nécessité des explications et des dessins qui nous entraîneraient loin, et pourraient distraire le lecteur de l'attention qu'il doit donner à cette machine dont il n'est pas besoin d'augmenter la complication. (Voyez d'ailleurs l'explication du manchon d'embrayage, page 223, qui en donnera une idée.

(1) L'outil doit couper en remontant.
(2) De la même inclinaison.
(3) Plus incliné.

lets dirigés en sens opposés à ceux de la vis du support à coulisse (1).

Pour que le tour puisse donner des vis de toute espèce, on place une roue dentée intermédiaire, pour obtenir des filets dans le même sens.

Les fig. 3 et 8, représentent l'application de cette roue intermédiaire, placée sur une tablette qui se projette hors du montant b; on voit en s, un support fixé par une vis portant un petit arbre tournant v. A l'extrémité de la tablette, la roue dentée W qui fait tourner la vis du support à coulisse, est fixée par une noix (2) un petit bras w sur l'arbre v, de manière à avoir un mouvement angulaire autour du centre. Ce petit bras a, dans sa longueur, une rainure à chaque point de laquelle l'axe de la roue intermédiaire x, peut être attaché. Au moyen de ces deux mouvemens, cette roue peut être fixée partout de manière à lier ensemble les roues de toutes dimensions. L'arbre v est disposé pour recevoir un bout d'axe y, avec une douille dans laquelle on fait pénétrer le bout de la vis i du support à coulisse. Par ce moyen, ce support peut se placer sur un point quelconque de la barre du tour,

---

(1) Cette observation n'a pas lieu avec le moyen dont nous venons de parler (note 2); le pas est toujours conforme quant à la direction des filets, à celui de la vis de rappel. Si l'on veut faire le pas autrement dirigé (à droite ou à gauche), on le peut également au moyen d'une légère modification.

(2) Elle n'est pas clairement indiquée sur la figure.

lorsqu'il s'agit par exemple de faire une vis à l'extrémité d'un long boulon (1).

L'on voit en R fig. 6, une pièce en fer attachée au curseur inférieur du support à coulisse; elle sert à empêcher la vis de fléchir sous la pression de l'outil quand elle est longue et d'un petit diamètre (2).

La fig. 5 présente le plan de cette pièce sur lequel on remarque les trous pour les deux vis qui la maintiennent sur le curseur inférieur. »

(L'Industriel, tom. 1er page 49.)

Tour ovale appliqué au tournage, molletage et guillochage de toute espèce de pâte ou terre à porcelaine et poterie.

Brevet d'invention pour cinq ans, pris le 26 février 1817, par M. BAUDET fils, propriétaire à Fleurines (département de l'Oise).

———————————

(1) Dans ce cas il faudra que le collet de l'arbre soit supporté près de la roue mise en contact, sinon l'arbre fléchira, et l'engrenage se fera irrégulièrement. En général toute cette dernière partie de la démonstration n'est pas facile à saisir; mais nous n'avons pas insisté, puisqu'il existe, ainsi que nous venons de l'annoncer, un moyen de se dispenser de tout cet attirail.

(2) Ce support est bien mieux entendu que celui de M. Varley, destiné au même usage. Dans celui de M. Maudslay il n'y a que deux lignes de contact, ce qui est avantageux sous le rapport du moins de frottement qui en résulte, et ces deux lignes se trouvent disposées de manière à produire tout l'effet désirable.

(Description des machines et procédés spécifiés dans les brevets d'invention, et dont la durée est expirée. Tom. X. page 18) (1).

Explication des figures.

« Planche 7, fig. 30, élévation du tour, vu de face.

Fig. 31, profil.

Fig. 37, coupe horizontale suivant A B, fig. 30.

Fig. 34, deux projets de T de supports à tourner, garnis de chariots pour mobiliser les contre-supports destinés à guillocher et tourner ovale, entre deux parties saillantes.

c, fig. 30, 31 et 37, deux jumelles carrées en fer brut.

d, roue en fonte douce.

e, poulie en même matière, ajustée sur l'axe de la roue *d*. Cet axe roule dans des coussinets ajustés à coulisse, dans des entaillés pratiqués sur l'angle intérieur des jumelles *c*, pour en régler la course.

_____

(1) Bien qu'il ne se rapporte pas absolument aux travaux du tourneur proprement dit, nous donnons la description de ce tour ovale, 1° parce que les tours ovales, à molleter et à guillocher, ont un peu été négligés dans le Manuel ; 2° parce qu'il se rencontre dans l'exécution du tour de M. Baudet une idée neuve, qui, mise en pratique par les tourneurs-mécaniciens, pourra donner naissance à une grande simplification dans les tours ovales ; 3° enfin parce qu'il nous a semblé qu'avec quelques modifications faciles à prévoir, ce tour pourrait être employé avec avantage dans les usages ordinaires.

f, grande poulie en fonte douce avec gorge, ayant derrière elle une petite poulie concentrique *g*, fig. 30, de même matière et à deux gorges : l'axe de ces poulies ajusté comme celui de la poulie *e*, entre les jumelles *c*, porte aussi une grande roue en bois *l* qui correspond à la roue de fonte *d*.

i, fig. 31 et 37, tige carrée, placée entre les jumelles *c*, réunissant et portant les axes des poulies *e*, *f*.

j, levier en fonte, ayant son centre de mouvement sur le support en fer *k*, fixé à l'une des jumelles. La tête de ce levier, formant un quart de cercle, porte une chaîne de montre (1) *l*, attachée d'un bout à l'extrémité supérieure de la tête du levier, et de l'autre bout à la tige verticale *i*. Ce quart de cercle fait, lorsqu'on le fait mouvoir, changer subitement le mouvement qui permet de tourner et guillocher alternativement en tendant et détendant alternativement les cordes *m* et *n*, fig. 31 ; car il est facile de voir que, lorsqu'à l'aide d'une corde attachée à la queue du levier *j*, on fait monter la tige *i* à son plus haut point d'ascension, la corde *m* se trouve tendue, et fait mouvoir la grande poulie en fonte *o*, montée sur l'axe du tour. Pendant que la corde *m* est tendue, la corde *n*, qui passe dans la gorge d'une poulie en fer *p*, fig. 30, est au contraire détendue, et ne donne plus aucun mouvement : c'est cet instant que l'on voit représenté fig. 31. *q* poulie en bois, fixée sur la grande poulie *o*, pour recevoir au besoin la corde *n*; dans ce cas, la corde passe sur la poulie à double gorge *g*,

---

(1) Chaîne à la Vaucanson, à engrenage, etc.

ce qui varie encore le mouvement imprimé au tour.

r, fig. 3o, support mobile des roulettes.

s, deux poupées en fonte, ajustées chacune à charnière, sur le support *t*, et maintenues en respect par des vis de rappel *u*, et des ressorts *v*. Cette disposition procure une fixité et une exactitude complètes, et évite le jeu qu'on est contraint de donner ordinairement aux coussinets de derrière, pour faciliter le mouvement de la poupée de devant, qui existe seule dans les tours connus, et l'écartement de l'angle aigu qu'elle forme lorsqu'elle est seule mouvante (1). On évite encore par ce moyen le tremblement ou *branlement* des tours ordinaires, inconvénient contre lequel la dextérité d'un tourneur ne peut lutter que difficilement.

Les ressorts *v* présentent l'avantage de pouvoir se déplacer isolément, se comprimer et se relâcher à volonté suivant le degré d'élasticité que demande l'ouvrage.

On peut, à l'aide de ce tour, tourner et guillocher avec sûreté des matières très-dures, tandis qu'avec les tours connus, on ne peut que difficilement tourner et guillocher des terres.

Mandrins.

Fig. 3² et 36, plan et coupe par le centre d'un mandrin brisé qui reçoit la pièce intérieurement.

Fig. 33 et 35, plan et coupe du mandrin qui reçoit la pièce en dessus.

---

(1) L'auteur entend toujours parler des tours à poterie.

Ces mandrins à ressort qui diffèrent de ceux ordinairement en usage par leur élasticité (1), ont la propriété de céder aux efforts des parties gauches qui se rencontrent très-ordinairement : leur élasticité fait qu'ils remplissent le vide qui se fait dans l'ouvrage au fur et à mesure du travail.

Le mandrin à ressort, au moyen de sa bague, unie ou à vis, que l'on peut avancer ou reculer à volonté, tant pour le tournage extérieur qu'intérieur, comprime ou relâche la pièce suivant le besoin, et la laisse tomber dans la main au lieu de la contraindre à la retirer avec effort, inconvénient qui, dans les procédés connus, fait casser beaucoup de pièces, lorsqu'on veut les dévêtir.

Pour ébaucher, le mandrin à ressorts reçoit, pour chaque pièce, une chape en plâtre de deux pièces de la forme extérieure de l'objet qu'on veut ébaucher : cette chape ou moule est d'égale épaisseur, et par conséquent, se place toujours droite dans le mandrin qui la retient solidement lorsqu'on en serre la bague. On lance la balle de pâte au fond de la chape ou moule, et au moyen des doigts, et par le mouvement ovale, on l'élève à la hauteur convenable : retenue sur toute sa partie extérieure, la pièce que l'on travaille ne craint plus la volée excentrique.

Ce procédé peut s'employer également sur le

(1) Les mandrins dont il s'agit ne diffèrent que par la forme des mandrins fendus à anneaux, décrits dans le Manuel tome I, page 90, représentés pl. III, fig. 19, et de ceux fendus et à vis décrits et représentés dans l'Art du Tourneur de M. Paulin Desormeaux.

tour que nous avons décrit, quoiqu'il tourne rond; si on craint que la pression de la pâte ne soit pas suffisamment égale en la montant avec les doigts, l'on peut y passer une espèce de rouleau à pivot qui la comprime également.

Le procédé pour tourner les forme ovales creuses, au lieu de les mouler, est exempt des coutures : il produit les formes les plus pures, les moulures, profils et filets les plus délicats, et régularise les épaisseurs ; enfin le travail qu'il exige est plus expéditif que le moulage. »

Description d'un tour à pointes avec support à chariot propre à tourner des cylindres, des cônes, et à dresser des faces de côté, par M. GAMBEY, ingénieur en instrumens d'astronomie et de géodésie, à Paris (1).

« Cette machine-outil que M. Gambey a combinée pour l'ajustement des axes dans la construction des instrumens d'astronomie et de géo-

(1) La description qu'on va lire est claire, bien entendue, motivée, et facile à comprendre, chose malheureusement assez rare ; on voit en la lisant que le rédacteur avait le modèle sous les yeux, ou qu'il était puissamment aidé par l'inventeur. Ce tour à pointes est digne de remarque ; il y a, dans les détails de sa construction, des simplifications et améliorations notables. M. Gambey est un artiste du premier ordre : dans tout ce qu'il produit on reconnaît la main de maître; il s'écarte toujours avec avantage des routes frayées pour en ouvrir de nouvelles plus sûres et plus directes ; et s'il remet en usage un ancien procédé, c'est après avoir reconnu qu'il avait négligé sans rai-

désie, nous paraît de nature à être appliquée avec
avantage dans les ateliers où l'on s'occupe de la
construction des machines soignées.

Les pointes de ce tour sont montées sur deux
poupées mobiles, posées à cheval sur les arêtes
longitudinales d'un châssis ou bâti en fonte de
fer, formant le banc du tour sur lequel on fait
glisser ces poupées, pour rapprocher aussi près
que l'on veut, et éloigner à volonté les pointes
l'une de l'autre.

---

son, ou après lui avoir fait subir des modifications
qui le mettent en harmonie avec la perfection actuelle. Nous ferons néanmoins quelques observations
peu importantes sur ce tour, et qui porteront plutôt
sur les parties que sur l'ensemble, qui est très-satis-
faisant.

On ne dit pas d'abord comment la force motrice
est communiquée à l'objet placé entre les pointes :
emploie-t-on l'arc, l'archet, la roue ? Rien ne peut
fixer l'idée à cet égard. En second lieu, ce tour, qui
n'est qu'à broches, ne doit pas avoir une grande
force, et ne peut d'ailleurs servir au forage ; la pression des mains sur les broches est même souvent insuffisante, surtout lorsqu'on tourne de fortes pièces.
Nous renvoyons à cet égard le lecteur à ce qui a été
dit sur la combinaison de la régularité de la broche
avec la force de la vis, dans la note 3, sur l'explication du tour de M. Maudslay, page 249 ; on voit aussi
sur le modèle fig. 1re, pl. 4 une vis de pression à tête
cordonnée, en regard de l'écrou u, au-dessus des écrous
à oreilles h et q de la même figure, qui n'est marquée
d'aucun signe, et dont il n'est point fait mention dans
le texte. Cette vis joue cependant un rôle quelconque,
et se trouve à l'endroit où s'opère un mouvement
courbe qui n'est pas suffisamment expliqué. Y aurait-
il eu quelque omission ? (Voy. ci-après la note p. 263).

Le support du porte-outil glisse également
à volonté le long du châssis qui reçoit les poupées; il porte lui-même sur le devant, un châssis mobile, dans le genre de celui du bâti,
sur lequel est ajusté et glisse le porte-outil que
l'on manœuvre à l'aide d'une vis de rappel
et d'une manivelle montée à l'extrémité de cette
vis.

Le châssis mobile et horizontal qui reçoit le
porte-outil, est établi à pivot sur le support, de
sorte que, au moyen d'une vis de rappel à tête
cordonnée, on a la facilité d'incliner à volonté
ce châssis, par rapport à l'axe des pointes, sans
le faire dévier de sa position horizontale; c'est
cette disposition qui permet de tourner des cônes dont les côtés sont plus ou moins inclinés
à l'axe.

L'outil peut aussi se rapprocher plus ou moins
de l'axe des pointes, au moyen d'une vis de rappel, portant manivelle, et il a la faculté de
prendre différentes positions qui lui permettent
de couper sur toutes sortes d'angles, que l'on
forme avec son tranchant qui est mobile, et l'axe
des pointes qui est fixe.

*Explication des fig. pl. 4 et 5, qui représentent
le tour sous différentes faces.*

Fig. 1re, pl. 4, vue de face.
Fig. 2, coupe de profil.
Fig. 1re, pl. 5, plan ou vu par dessus.

Bâti.

Le bâti de cette machine est en fonte de fer;
il est formé de deux pieds angulaires *a*, dont la

base de chacun présente deux patins *b*, percés
d'un trou, et au moyen desquels le bâti est fixé
par des boulons sur un établi en bois. Les pieds
a sont réunis à leur sommet par quatre boulons *c*, à un châssis rectangulaire fondu d'un
seul jet. Le côté de devant *d* de ce châssis présente, à son sommet, un angle saillant, et le côté
a de derrière est parfaitement dressé à plat.

Poupées mobiles.

f g, deux poupées mobiles en fonte de fer,
dont la partie antérieure est posée à cheval sur
l'angle saillant du côté *d* du châssis qui forme
la tête du bâti ou banc de tour. La partie posté-
rieure posée à plat sur la face supérieure du côté
e de ce même châssis. Au moyen de cette disposition, on fait couler à volonté et à la main, les
deux poupées *f g*, le long des deux grands côtés
d e; on peut, de cette manière, régler la distance
des pointes du tour, et les approcher aussi près
que l'on veut l'une de l'autre (1). Ces poupées

_____

(1) Cette construction est très-ingénieuse, très-
simple, très-avantageuse ; les tenons de poupées glissant dans l'entre-deux des jumelles d'un banc, ne sau-
raient présenter une aussi forte garantie d'immutabi-
lité, car il est très-difficile d'ajuster ces tenons et de
dresser assez cet entre-deux pour qu'il n'y ait pas de
déviation sur la longueur. Au moyen de l'heureuse
disposition mise en usage par M. Gambey, et réappli-
quée en plusieurs circonstances de sa construction,
on s'épargne de nombreux ajustemens. Nous faisons
remarquer au lecteur que le fond de la coulisse ne
touche pas sur le sommet de la barre, qu'il reste un
espace vide entr'eux, ce qui est très-utile et rap-

se fixent chacune à la place qu'elles sont appe-
lées à occuper pendant le travail, au moyen d'un
écrou *h* à oreilles, placé sur la tête du bâti, et
appuyant contre deux morceaux de bois *b*" placés en travers du banc.

i, les deux pointes du tour dont chacune est
reçue dans des angles rentrans *k*, fig. 2, pratiqués dans la tête et sur le devant de chacune
des poupées *f g* (1). L'un des bouts des ces pointes,
tes, est formé en cône saillant, et l'autre extrémité est garnie d'un bout de cylindre en cuivre
centré au pointeau. Cette double disposition de
pointes *i* permet de tourner des pièces dont les
extrémités sont plates, creuses ou pointues.

l, plaque en cuivre au-dessous de laquelle est
pratiqué un cran angulaire correspondant aux
angles rentrans *k*, et destiné à embrasser une
portion de la surface supérieure de chacune des
pointes cylindriques *i*.

---

proche l'idée de M. Gambey de celle qui est exprimée dans la note 2ᵉ sur le tour de M. Maudslay, et de
la forme donnée par la fig. 3, pl. 4.

(1) L'idée première de cette manière avantageuse
de retenir les broches appartient, je crois, au célèbre
Hulot. M. Gambey la remet en pratique en y ajoutant le conducteur *m*. Les broches ainsi maintenues
le sont bien plus solidement que dans des trous qui
sont difficiles à forer droit, et qui s'accroissent à la
longue. Dans le trou, la broche n'est maintenue que
par une ligne de contact, ou deux très-rapprochées,
et le point où s'opère la pression de la vis; dans la
construction de M. Gambey, cette même pointe est
maintenue par quatre lignes de contact dont la situation relative est toujours fixe et invariable, ce qui lui
assure une bien grande force de résistance et d'im-
mutabilité.

m, petite broche de fer fixée sur chacune des poupées, et servant de pivot (1) aux plaques *l*, dans lesquelles elles sont enfilées librement.

n, deux écrous à oreilles, appuyant sur les plaques *l*, et servant à fixer les pointes *i* sur les poupées *f g* (2).

Support du chariot porte-outil.

Ce support qui est formé d'une seule pièce de fonte, est composé de deux branches horizontales *o* qui se montent et qui glissent sur les côtés *d e* de la tête du bâti, de la même manière que les poupées *f g*, et qui s'y fixent au moyen de deux boulons *p*, dont l'extrémité inférieure de chacun porte un écrou à oreilles *q*, que l'on serre et desserre à volonté en-dessous du bâti, contre des morceaux de bois *a''* placés en travers du banc. En-dessous de chacune des branches *o*, sont pratiquées plusieurs entailles angulaires semblables à celle que l'on voit en *c'* fig. 2, ces entailles ont pour objet de permettre d'enfoncer plus ou moins le support du chariot suivant la grosseur de la pièce que l'on veut tourner (3).

La tête de ce support porte une pièce qui pré-

---

(1) Ce tourillon ne sert point de pivot, le recouvrement ne pivote point ; il sert de conducteur pour tenir l'écartement parallèle.

(2) On n'indique pas suffisamment comment ces vis agissent et où est situé leur écrou.

(3) Tout cela est très-bien entendu ; c'est une facilité de plus donnée à l'ouvrier. On peut avoir un outil pour dresser ces rainures et avoir des frottemens doux et réguliers sans beaucoup de peine. (Voir la note page 260).

sente en plus petit, une espèce de châssis semblable à celui qui compose la tête du bâti, et c'est sur les deux longs cotés r s de ce châssis que repose et glisse le chariot porte-outil, dont nous donnerons bientôt l'explication,

Ce châssis r s, est posé à plat sur la tête du support o, où il est assemblé à charnière par un boulon t, portant en-dessus de ce support un écrou u. A l'extrémité du châssis r s, opposée à la charnière dont nous venons de parler, et au-dehors de ce châssis, est fixé par des vis v, fig. 1re, un petit support coudé x, fig. 1re et 3 en cuivre, la partie horizontale de ce petit support porte une petite pièce en cuivre y, ployée en équerre, et retenue par une vis. Le bout de la pièce y, reçoit un écrou dont la forme est sphérique extérieurement, et dans lequel entre le bout d'une vis de rappel z, fig. 1re, pl. 5. Cette vis, qui est supportée dans un second point de sa hauteur par un petit support a', et qui porte à son extrémité un bouton cordonné b' que l'ouvrier saisit entre le pouce et l'index, a pour objet de permettre de faire tourner plus ou moins le châssis r s sur la charnière t, dans un sens et dans l'autre (1); pour donner à ce châssis, le long duquel glisse le chariot du porte-outil, une inclinaison plus ou moins prononcée, par rapport à l'axe qui passe par le centre des

---

(1) Ceci n'est pas clair. Si cette vis z doit faire virer le chariot sur le pivot t, elle doit être légèrement courbe. Comment fait-elle le rappel ? Sans doute au moyen d'une rainure circulaire ou d'un filet saillant s'imprimant dans la bride a'; mais tout cela devait être expliqué ; rien n'est à dédaigner dans ce qui sort des mains de M. Gambey.

deux pointes *i* du tour, lorsqu'on veut tourner conique.

Chariot porte-outil.

Cette partie de la machine est formée d'une plaque en cuivre *c'*, fig 1re et 2, que l'on voit aussi sous la même lettre, en plan par-dessous, fig. 2, pl. 5, par le bout, fig. 3, et en coupe verticale, fig. 4. L'un des bouts de cette plaque est arrondi comme on le voit fig. 2, et en fig. 1re; à l'autre bout on a ménagé deux reuflemens *d'*, dans chacun desquels est pratiquée, en-dessous, une entaille angulaire qui se pose à cheval sur l'angle saillant formé au sommet du côté *r* du chassis porte-chariot, ce qui compose un ajustement que l'on distingue très-bien dans la coupe fig. 2, pl. 4. La plaque *c'*, porte encore en-dessous une petite plaque *e'*, fig. 2, 2, 3, 4, servant du support à un écrou sphérique *f'*, fig. 2, pl. 4, destiné à recevoir une vis de rappel *g'*, fig. 1re et 2, pl. 4 et 1re pl. 5. Cette vis qui a son collet logé dans la partie verticale du petit support coudé *x*, sert à faire aller et venir le chariot porte-outil sur les longs côtés du chassis conducteur *r s*; à cet effet, l'extrémité de droite de la vis de rappel *g'* est munie d'une manivelle *h'* fig. 1re pl. 4, et 1re pl. 5, que l'ouvrier fait tourner à droite ou à gauche, pour faire aller et venir le chariot. Une petite roue divisée *i'*, fixée contre la manivelle *h'*, sur le bout de la vis de rappel *f*, indique la quantité dont on a fait avancer ou reculer le chariot, et permet d'en fixer convenablement la position (1).

_____

(1) On ne dit point encore comment cette vis fait son rappel; chaque artiste a sa manière; celle de M.

k' fig. 2, 3 et 4, pl. 5, crochet attaché par des vis contre la face de dessous de la plaque *c'*, il est destiné à recevoir un poids qui a pour objet d'appliquer fortement cette plaque sur les côtés *r s* du châssis (1).

l' fig. 1re, 2 pl. 4 et 1re et 4 pl. 5, seconde plaque en cuivre posée à plat sur la plaque *c'* à laquelle elle est fixée comme on le voit fig. 1, 2, pl. 4 au moyen d'un mentonnet *m'* et d'une vis de pression *n'*; cette vis, qui n'est pas vissée dans le mentonnet, mais qui a un épaulement qui appuie contre la face inférieure dudit mentonnet, permet, lorsqu'elle est desserrée, de faire tourner la plaque *l'* sur la plaque *c'* pour lui donner l'inclinaison et lui faire prendre la position la plus convenable à l'égard de la pièce sur laquelle on travaille : alors le mentonnet *m'* suit le contour de la courbe qui forme l'arête antérieure de la plaque *c'*, courbe que l'on voit dans les fig. 1 et 2 pl. 5 (2).

Gambey était bonne à connaître (voir les supports à chariot, page 82, 92, tome 2). Ce cadran divisé comment peut-il remplir les fonctions qui lui sont attribuées? Tourne-t-il avec la manivelle? cela n'est pas présumable; s'il tourne, c'est donc l'aiguille qui est fixe; mais où est-elle fixée? Tout cela est laissé dans le vague.

(1) Il est fâcheux que l'auteur n'ait point trouvé un autre moyen de fixation; le poids est incommode relativement à la place qu'il occupe et à la matière qu'il dépense; un ressort aurait peut-être rempli le but.

(2) On ne dit point à quel endroit est fixé le pivot de ce mouvement.

2, 22

La plaque *l'* porte sur l'un de ses longs côtés un rebord *o'* fig. 4, pl. 5, dont la face intérieure est inclinée de manière à former, avec une bande de cuivre *p'*, fig. 1, 2, pl. 4, 1er et 4, pl. 5, qui est fixée par quatre vis sur la plaque *l'*, une coulisse en queue d'aronde dans laquelle s'ajuste à frottement une plaque *q'*, fig. 1er, pl. 4, 1er et 4, pl. 5, ayant la même forme et portant l'outil. La plaque *q'* qui est en fer porte un petit point ou mentonnet *r'* destiné à maintenir l'écrou sphérique qui reçoit une vis de rappel *s'* au moyen de laquelle l'ouvrier fait avancer ou reculer le porte-outil *q'* dans la coulisse (1); le collet de la vis *s'* est logé dans la tête d'un petit support en cuivre *t'* fixé à la plaque *l'* (2); le bout de la vis porte une manivelle *u'* que l'ouvrier tourne à gauche ou à droite pour faire avancer ou reculer l'outil. Un cadran divisé *v'* fait connaître au moyen d'une petite aiguille ou index, de combien on a avancé ou reculé l'outil.

x' petite vis à tête cordonnée servant à fixer l'outil sur la plaque *q'*.

D'après la description que l'on vient de voir on concevra facilement la manière dont l'ouvrier doit s'y prendre pour faire usage de ce

---

(1) La manière dont cette vis *s'* opère son rappel, sa mise en relation avec la plaque *q'* au moyen d'un écrou sphérique, tout cela n'est pas assez clairement exprimé et est cependant du plus haut intérêt. Cette méthode étant nouvelle, nous pensons aussi qu'on aurait dû indiquer la place de l'outil, ne fût-ce que par des lignes ponctuées.

(2) Même observation que ci-dessus, note 1re, p. 268.

tour. Après avoir desserré les deux écrous à oreilles *h* qui servent à fixer les deux poupées mobiles, il rapproche ces deux poupées l'une de l'autre en les arrêtant à une distance qui dépend de la longueur de la pièce qu'il veut tourner; il monte les deux extrémités de cette pièce sur les deux pointes *i i* en plaçant en dedans le bout de ces pointes dont la forme convient à celle des extrémités de la pièce à travailler; il serre les écrous *h* qui fixent les poupées sur le banc aussi bien que les deux écrous *n* qui retiennent les pointes, et, s'il veut tourner un cylindre, il maintient les longs côtés du châssis mobile *r s* dans la direction parallèle à l'axe des pointes. Il approche la pointe de l'outil qui est taillée en grain d'orge, de la pièce à tourner au moyen de la manivelle *u'*, et il ne lui reste plus alors qu'à faire promener le chariot porte-outil en faisant tourner la manivelle *h'*. Si c'est une surface conique qu'il veut obtenir, après avoir monté la pièce sur le tour, il incline les côtés *r s* du support à chariot, en faisant tourner la vis *z* dont il tient le bouton entre les trois premiers doigts de la main droite. Lorsque les côtés *r s* sont arrivés à former avec l'axe des pointes *i* une inclinaison qui dépend du cône plus ou moins allongé que l'on veut former, il dispose le porte-outil dans une position convenable à cette inclinaison, et travaille comme si c'était un cylindre qu'il eût à former.

Cette espèce de tour est le seul dont M. Gambey se sert dans ses ateliers, il en possède de plusieurs dimensions, mais tous sont établis sur le principe de celui que nous venons de décrire. »

Ann. (*Industriel*, 4ᵉ vol., 2ᵉ année, page 535.)

Affilage des peignes servant à faire les vis sur le tour.

« RAPPORT *fait à la Société d'Encouragement de Lyon sur un outil propre à tailler les peignes par le tour, inventé par le sieur* C. BOREL.

« Vous nous avez chargés d'examiner un outil propre à faire des peignes pour le tour dont vous a fait hommage le nommé Claude-Marie Borel, ouvrier tourneur sur métaux dans la fonderie des *C. C Frère-Jean* de Lyon.

« Nous vous apportons avec satisfaction le résultat de nos remarques à ce sujet, et il nous est agréable de vous annoncer que l'hommage de Borel est une offrande digne de la Société, un tribut de l'industrie que vous devez honorablement accueillir.

« L'outil qui vous est présenté opère avec diligence et perfection ; c'est le jugement que vous porterez lorsque vous aurez entendu la description suivante :

« Les instrumens connus en mécanique sous le nom de peignes servent à découper les hélices ou pas de vis sur le tour, soit extérieurement, soit intérieurement.

« Pour bien juger le mérite de l'invention de Borel, il faut comparer à son procédé la manière employée jusqu'à ce jour pour exécuter ces peignes.

« Par la méthode ordinaire ils sont taillés à la lime d'après un tracé qui s'opère de diverses manières ; lorsqu'on a formé au tiers-point, l'une après l'autre, les petites dents ou cannelures, on applique le peigne sur le tarau, on le frappe jusqu'à ce que chaque plein des dents du peigne remplisse les vides du tarau ; quelque soin que l'on apporte, il est difficile d'opérer avec justesse, et la difficulté s'accroît en raison de l'exiguité de l'hélice; on conçoit aussi combien cette opération doit être longue.

« Voici maintenant la méthode de Borel.

« L'instrument avec lequel il opère est une boîte carrée en cuivre de 23 lignes de largeur sur 16 de hauteur, percée dans ce dernier sens d'un trou rond de 11 lignes de diamètre, pour donner passage au tarau qui va être décrit : cette même ouverture circulaire a deux entailles excentriques de dix lignes de profondeur destinées à loger les peignes femelles qui y sont fixés par deux vis de pression.

« La même boîte est percée latéralement de deux ouvertures d'un carré long également excentriques. Leur objet est de recevoir les peignes mâles qui y sont fixés chacun par une vis de pression. Les peignes mâles sont disposés dans cette boîte horizontalement, et les femelles en dessous de la boîte, et verticalement.

« La boîte est surmontée d'un écrou taraudé dans lequel s'engrène un tarau qui doit passer à frottement juste; on fait au moyen d'un levier, ou tourne-à-gauche, descendre ce tarau d'acier trempé, qui, rencontrant sur son passage les parties d'acier non trempé, les incise avec ses dents, et forme les quatres peignes à la fois d'une manière très-régulière.

« Pour opérer, la boîte est saisie ou par l'étau ou par une vis de pression, ou par toute autre moyen mécanique.

« L'inventeur s'est réservé la faculté d'obtenir différens pas de vis en substituant de nouveaux écroux à sa boîte.

« C'est une machine simple qui réunit, à l'avantage d'économiser le temps, celui d'opérer un travail plus régulier.

« Le premier manœuvre, à l'aide de cet instrument, exécutera avec une rigoureuse précision et dans un temps borné, de cinq minutes par exemple, ce que la main la plus exercée et la plus habile ne ferait pas en plusieurs heures avec la même exactitude.

« Sans vouloir attacher à cette découverte plus d'importance qu'elle ne mérite, eu égard à l'objet de son service, nous pensons que vous ne sauriez trop encourager ce genre d'industrie qui se dirige vers l'invention des machines de diligence. C'est à ce système ingénieux qui remplace les bras par le mécanisme, et prête à des instrumens toujours dociles l'intention de l'artiste même, que les Anglais doivent leur supériorité dans les arts. »

Voici maintenant le rapport fait par M. Molard au conseil d'administration de la Société d'Encouragement de Paris.

« Le rapport fait à la Société d'Encouragement de Lyon sur l'outil à tailler les peignes pour le tour, contient la description la plus complète de cet instrument, et nous dispense par conséquent d'entrer ici dans aucun détail à ce sujet. Nous observerons seulement, 1° que cet outil consiste dans un taran conduit par un écrou en cuivre où l'on fixe les peignes qu'il s'agit de tailler; 2° que les fabricans d'outils font usage des taraux pour tracer la division du peigne; mais on ne peut pas au moyen du taran seul terminer ou affûter pour ainsi dire les dents du peigne, d'autant mieux que le taran comprime la matière et laisse toujours un morfil au sommet des dents; 3° que le taran présenté par le

C. Borel détruira bien promptement l'écrou qui sert à le faire avancer ou reculer suivant le mouvement qu'on lui donne, puisque les filets, ou pas de vis, sont coupés d'un bout à l'autre du tarau. On n'a pas à craindre cet inconvénient lorsqu'on pratique sur l'une des extrémités de l'axe du tarau une vis du même pas qui le fait avancer et reculer sans endommager l'écrou. L'autre extrémité du tarau doit être unie, cylindrique et maintenue dans un collet.

« Quoique l'outil imaginé par le C. Borel n'ait pas toute la perfection qui en assure le succès, nous pensons que cet artiste mérite d'être encouragé, etc., etc. (1) »

Procédé de construction d'un nouveau banc ou établi de menuisier avec ses saccessoires.

Brevet d'invention pour dix ans, pris le 11 mars 1818, par M. Fr. FRAISSINET, de Montpellier.

_____

(1) Cet article et le précédent, dont il est le correctif, sont passés inaperçus: on n'a pas, dans la pratique, donné de suite à l'objet qui en fait la matière; et cependant cet objet est de la plus haute importance dans les arts mécaniques et se rattache aux premières questions; celle de la vis et par suite celle du plan incliné, dont la vis n'est que l'application. L'affûtage des peignes, générateurs des vis et des écrous, est une des opérations radicales de la mécanique, et doit fixer toute l'attention des personnes qui se livrent à son étude. Les tourneurs en particulier, qui sont journellement mis à même de connaître les imperfections des systèmes employés jusqu'à présent, nous saurons gré de l'extension que nous don-

Description des machines et procédés spécifiés dans les brevets d'invention, dont la durée est expirée. (Tome XV, page 253. N° 1411.)

« Explication des figures qui représentent ce banc dans son ensemble et diverses parties accessoires.

Figure 10, pl. 5, élévation de face de cet établi.

Figure 11, coupe transversale.

Figure 12, plan.

(Nota.) Nous ne croyons pas avoir besoin, pour justifier l'insertion de cet article dans le Manuel du Tourneur, de nous appuyer de l'exemple de tous ceux qui ont écrit sur cet art et qui n'ont jamais manqué, non-seulement de faire connaître l'établi de menuisier le plus commode, mais même encore les principaux outils de cette profession. Nos lecteurs savent qu'un tourneur qui n'aurait que son banc et son tour, serait arrêté à chaque instant ; ces deux arts se tiennent de si près, que le tourneur et le menuisier ont à tout moment besoin l'un de l'autre, et l'on sait qu'il n'est pas un seul tourneur qui ne soit en même tems plus ou moins menuisier. Nous n'entrerons pas dans la discussion des moyens pour lesquels M. Fraissinet avait pris brevet ; quelques-uns d'entreux nous semblent très-remarquables et nous ont beaucoup intéressés ; nous espérons qu'il en sera de même pour tous ceux auxquels nous nous adressons.

---

nous aux notes de ces articles nous fournissent l'occasion de leur communiquer. Malheureusement la Société d'Encouragement pour l'industrie nationale, n'a pas jugé que l'outil de M. Borel méritât qu'une planche le fît connaître dans ses détails. Les recher-

a, pied et traverses de l'établi.

b, deux pieces de bois formant une aile de chaque côté du banc ; chacune de ces pièces est percée de trois mortaises ou coulisses verticales que l'on voit ponctuées en *e* fig. 10.

---

ches que nous avons faites pour nous procurer le cahier des délibérations de la Société d'Encouragement de Lyon ont été infructueuses ; son existence ne nous est même pas évidemment prouvée. Nous tâcherons d'après la description verbale très-claire qui est faite dans le rapport, de reconstruire la figure telle qu'elle a dû être donnée, en y faisant toutefois la correction importante indiquée par M. Molard. Profitons de cette occasion pour émettre une pensée qui nous préoccupe depuis long-temps.

Il y a tendance générale des esprits vers les améliorations ; on a compris que l'étude et l'application de la mécanique pouvaient changer l'état de malaise d'un peuple en un état de prospérité et de richesse ; l'exemple de l'Angleterre a corroboré cette idée, qu'il y avait amélioration toute les fois que la force intellectuelle de l'homme pouvait être substituée à sa force matérielle ; or, pour que la première agisse en liberté, il faut autant que possible étendre le cercle d'action de la seconde, et se garder d'employer l'homme toutes les fois que les chevaux, l'eau, l'air, la vapeur, etc., peuvent le remplacer avec avantage. Cette vérité a été sentie est prouvée depuis long-tems et nous pourrions joindre à tout ce qui a été dit sur ce sujet, le résultat de notre expérience personnelle, mais cette théorie n'est pas sérieusement combattue, et si elle l'était un jour, ce serait sur un terrain plus vaste que celui sur lequel nous sommes maintenant qu'il conviendrait de la soutenir. De cette idée que le perfectionnement de l'industrie était une des sources les plus fécondes de la prospérité publique, a découlé la volonté toute philantropique d'aider au développe-

d, six boulons entrant dans les coulisses *e* et se vissent dans la tête du banc; ils servent à fixer les pièces *b* à la hauteur convenable contre les côtés de l'établi.

e, fig. 11, 12 quatre vis servant à presser l'une

---

ment de l'industrie par tous les moyens possibles, et de cette volonté, la fondation des expositions publiques des produits de l'industrie, la création des brevets d'invention, d'un conservatoire des arts et métiers, la formation des écoles d'arts et métiers, de sociétés savantes, et en particulier celle des sociétés pour l'encouragement de l'industrie nationale. C'est de ces dernières seulement dont nous nous occuperons: l'examen des autres moyens de perfectionnement nous entraînerait trop loin. Il nous semble, en établissant une comparaison entre la Société de Londres et celle de Paris, que l'encouragement de l'industrie, qui est le but de l'un et de l'autre, est plus sagement, plus directement donné en Angleterre, parce qu'on y a mieux connu l'endroit faible qu'il fallait renforcer.

La Société de Londres a compris que, dans l'industrie et les arts, la perfection de l'ensemble dépend de la perfection des détails, que les détails sont les élémens de l'ensemble, et que ce sont ces élémens qu'il faut commencer par perfectionner si l'on veut que leur agrégation forme un tout plus parfait. Elle a compris que c'était surtout les moyens d'une prompte et bonne exécution qu'elle devait encourager; elle a moins élevé la valeur des prix qu'elle décerne; elle les a multipliés davantage; elle a pensé avec raison que l'ouvrier, le travailleur, peu fortunés, avaient plus de besoin d'être stimulés que le capitaliste qui cherche dans l'industrie un intérêt plus élevé de l'argent qu'il fait valoir; elle a attendu qu'une chose bonne et utile fût exécutée pour la récompenser, parce qu'elle sait qu'une récompense encourage à

contre l'autre les pièces de bois que l'on veut corroyer ou dresser.

f, deux pièces servant de support à la varlope; elles ont de chaque côté et à leur partie
supérieure, un rebord qui coule dans une coulisse *i* pratiquée dans l'épaisseur des ailes *b*.

---

faire bien; elle n'a pas commandé des découvertes,
parce que les découvertes ne se commandent pas, ou
du moins ne s'obtiennent pas d'après un commande-
ment; elle a décerné une médaille d'or pour un
rabot; pour une lime, pour une scie, pour un mandrin, pour un tour, pour des carractéres typographi-
que, pour un engrais, pour une méthode de transport, pour la conservation du jus de citron, etc., etc.
Tout ce qui a été amélioration, pas en avant, perfectionnement, a été récompensé et par conséquent
encouragé; rien ne lui a paru intérêt minime, objet
de détail, etc., lorsqu'il en résultait un mieux quelconque; aussi les arts en Angleterre on fait des progrès rapides; aussi fabrique-t-on dans ce pays une
quantité d'objets dans tous les genres, qui ont une
supériorité marquée, évidente, incontestable quelles
que soient les prétentions patriotiques et rivales de
ses voisins.

En France, on a suivi une marche diamétralement
opposée, bien qu'on eût l'intention d'arriver au même
but; on a fait peu d'attention aux détails, on s'est
persuadé que l'ensemble seul devait être fortement
encouragé. On n'a fait cas que secondairement des
moyens d'exécution, on ne les a pas provoqués, on
les a accueillis faiblement lorsqu'ils se sont présentés,
on a cru les récompenser suffisamment par une insertion dans le bulletin et quelques mots flatteurs.
On a proposé des prix de 6,000 fr. et même plus éle-
vés, mais on en a restreint le nombre: on a particulièrement répandu les dons sur les riches propriétaires
de grands établissemens, en se reposant sans doute

g, ouverture réservée dans la largeur du banc pour la marche des crochets *h*.

k, quatre boulons passant sous les supports de la varlope et servant à rapprocher les crochets et à les serrer contre les pièces de bois à corroyer. Comme dans certains cas ces bou-

---

sur leur justice, pour le soin de répandre ensuite ces dons sur les chefs d'ateliers et les ouvriers intelligens et laborieux qui avaient monté l'établissement, et avaient obtenu des produits perfectionnés. Les prix à décerner, ont été proposés sur des améliorations à faire, demandées par la Société, d'après l'avis d'un comité composé de membres très-instruits, très-recommandables, mais tous gens de cabinet. Cela a produit quelque bien et a fait beaucoup de mal : on a vu des prix prorogés ; les remises successives et le retrait définitif de la proposition ont été la preuve que la question avait été mal posée. Les efforts des industriels pour la résoudre ont été faits en pure perte, temps dépensé, études, capitaux, force matérielle et intellectuelle consacrés à la recherche d'un fait impossible à réaliser, ont découragé l'industrie au lieu de l'encourager, et ont pour long-temps corrigé les concurrens du désir d'entrer en lice. Lorsque les prix ont été décernés, ils l'ont été quelquefois sans qu'une concurrence active et nombreuse ait rehaussé le mérite du vainqueur ; et dans quelques occasions, la marche progressive a été plutôt arrêtée que stimulée. Il est résulté que l'ensemble de ces faits que la Société d'Encouragement de Paris, qui a produit beaucoup de bien, n'a pas cependant donné tous les heureux résultats que l'on était en droit d'attendre de son admirable institution. Elle ne s'est point popularisée parmi les travailleurs. L'ouvrier qui a eu le bonheur de trouver un perfectionnement n'a pas songé à elle, parce que cette pensée injuste s'est répandue dans les ateliers : « La Société d'encouragement n'est que

lons seraient trop courts, on se servira, pour
parer à cet inconvénient, de petites planches
préparées à cet effet, qui s'ajustent et qui glissent dans des coulisses pratiquées intérieurement dans les longues traverses supérieures de

---

pour les riches. La Société d'encouragement propose
de beaux prix, qu'elle sait bien que personne n'aura. »
Aussi la belle est bonne exécution est-elle restée chez
nous bien inférieure à ce qu'elle est en Angleterre.

Loin de nous cependant l'idée d'attribuer absolument l'infériorité de notre fabrication en beaucoup
de genres, à la non efficacité de l'action de la Société
d'encouragement; nous pensons à la vérité que cette
action aurait pu être autrement et mieux dirigée;
mais nous devons reconnaître aussi qu'en France,
l'ouvrier est ignorant et vain, qui se croit toujours,
particulièrement à Paris, très-instruit et très-capable,
et que son amour-propre mal placé lui persuade qu'il
sait tout, et qu'il n'y a rien de bon et d'utile dans
ce qu'il ignore. Cet état d'être des ouvriers, sans lesquels il ne peut y avoir d'industrie, était donc ce
qu'il importait d'abord de changer, et c'est ce qui
nous semble avoir été négligé par la Société d'encouragement, dont d'ailleurs, et sous mille autres
rapports, l'Europe entière admire les beaux et patriotiques travaux.

Le lecteur nous pardonnera cette digression, parce
qu'il saisira facilement sa connexité avec l'objet qui
nous occupe, et qu'elle lui fera comprendre comment
la tentative d'amélioration de M. Borel, dans une
partie importante de la fabrication, n'a produit
qu'une faible sensation, et n'a été suivie d'aucunes
autres recherches. Il était d'ailleurs de notre devoir
d'exposer ces idées qui pourront en faire germer
d'autres, et se servir à donner une meilleure direction
au zèle des Sociétés qui font, du perfectionnement
industriel, le but de leur institution.

2. 23

l'établi ; ces crochets sont fixés par des vis portant écrou en dessous du banc.

m, fig. 12, deux boulons servant à assembler
aux extrémités les ailes *b*.

n, deux emboîtures à coulisses assemblées aux
deux bouts du banc.

Rentrons dans la matière qui nous occupe en je-
tant un coup-d'œil rapide sur tout ce qui a été fait dans
cette partie. On a vu dans le tome 1er du Manuel,
pages 55 et suiv., les manières de tailler les peignes,
extraites du Manuel du Tourneur de Bergeron, et de
l'Art du Tourneur de M. Paulin Desormeaux : ces
extraits n'ayant été accompagnés d'aucune figure, et
des circonstances intéressantes ayant été omises, nous
conseillons à ceux de nos lecteurs qui voudraient
faire une étude spéciale de la manière de tailler les
peignes, de recourir à ces ouvrages originaux. La
méthode indiquée dans la deuxième édition du Manuel de Bergeron, est bien digne de fixer l'attention ;
l'idée en est juste, elle appartient à M. Prévost, chef
de division à la préfecture de la Vienne. Malheureusement les indications fournies par cet amateur distingué, n'ayant pas été exactement transcrites, il en
est résulté une obscurité qui rend sa démonstration
presque nulle, ou du moins très-difficile à saisir. D'une
autre part, cette méthode, qu'il serait dans l'intérêt
des arts manuels de modifier et de répandre, suppose
toujours la préexistence d'un tour et ne peut recevoir
d'application dans le cas où le tour est à faire. Il aurait peut-être été convenable à nous de l'éclaircir de
suite, en profitant des instructions verbales et écrites
qui nous ont été données par le savant auteur ; mais
ce travail nous entraînerait trop loin hors des limites
qui nous sont tracées par le cadre du supplément que
nous avons entrepris, et nous sommes contraints de
l'ajourner.

La méthode de tailler et d'affûter les peignes en

l, pièces de bois ou cales laissant des deux côtés un espace pour que le fer de la varlope puisse mordre sur toutes les pièces à corroyer, et pour empêcher la vis *e* d'appuyer sur les pièces de bois soumises au travail.

---

moyen de fraises ou molettes, indiquée par M. Paulin Desormeaux a prévalu; il est peu d'ateliers bien montés dans lesquels on n'ait maintenant un assortiment de ces fraises, et cependant cette méthode n'est pas encore tout ce qu'on pourrait désirer, puisqu'elle a aussi ses inconvéniens. Le premier est la difficulté de bien faire ces outils, difficulté qui est cause du haut prix auquel ils sont maintenus. Le second résulte du peu de commodité résultant de l'emploi; il faut une main ferme et assurée et un grand déploiement de forces pour tailler un peigne par ce procédé, surtout lorsque les dents sont d'un fort calibre. Les dents produites par les molettes sont verticales : c'est une légère imperfection ; mais enfin c'est une imperfection qui existe d'ailleurs également dans le procédé de M. Prévost. M. Paulin D. a depuis offert un correctif à ces inconvéniens; sa méthode de tailler les peignes au moyen des taraux-mères des filières, est à notre avis bonne et facile, et nous renvoyons à cet égard le lecteur à la note de la page 61, t. 1er.

Cette dernière manière de faire nous ramène tout naturellement à la boîte de M. Borel, qui, bien comprise et convenablement exécutée, remplira, nous le pensons du moins, le plus parfaitement possible le but désiré, sans être sujette à aucun des inconvéniens des autres procédés.

On voit, figures 4 et 5, planche 4, le dessin conjectural que nous avons tracé de cette boîte à tailler les peignes, elle est représentée vue en-dessus, le couvercle ou recouvrement *o*, fig. 4, enlevé : *abcd* sont les côtés d'une boîte en fonte de fer ou de cuivre, composée de deux morceaux dont *a b d* forment le

Les supports et les crochets marchant à volonté peuvent alors se placer à des distances convenables qui dépendent des pièces qu'on veut corroyer, et la varlope qui se meut sur ces supports, et que l'on voit de profil, fig. 20, doit

---

plus considérable : c l'autre morceau ; il tient après a b d au moyen des vis f f f qui doivent le fixer invariablement, mais qui laissent la faculté de le changer à volonté, ainsi qu'on le verra par la suite. Si on voulait faire le corps de la boîte a b d en bois dur, ce qui pourrait avoir lieu sans inconvéniens, il faudrait toujours que le morceau c, qui est taraudé, fût en cuivre ou en fer, quant au côté b, il serait bon de le faire aussi en métal ; mais à la rigueur il pourrait être fait, ainsi que nous l'indiquons, d'une seule et même pièce avec a d, et par conséquent de même matière. Cette boîte pourrait être percée à jour ; mais elle sera plus solide si on lui laisse un fonds. Sur le plabord a sont pratiquées une ou plusieurs entailles g, fig. 4, dans lesquelles on ajuste les morceaux de bandelette d'acier détrempé, destinés à être convertis en peignes : ces morceaux d'acier seront mis plus ou moins haut, selon qu'on voudra que le biseau formé soit plus ou moins incliné ; si les peignes sont destinés à fileter dans le fer ou le cuivre, ils seront placés justement à la hauteur de l'axe du taran h dont il va être parlé. Sur l'autre plat-bord, du côté a, on fera l'entaille i sur toute la longueur de la boîte, et pénétrant le rebord b : ce sera dans cette entaille que l'on placera le morceau d'acier destiné à former le peigne femelle j. Ce morceau d'acier sera maintenu par les vis de pression h servant à le fixer solidement, surtout lorsque, pour les peignes à pas fins, ce barreau n'a que peu de largeur.

Ainsi qu'on le voit fig. 4 et 5, les côtés b a sont taillés à angle rentrant ; cette disposition, donnée dans l'intention de rendre le dessus e plus adhérent,

avoir une longueur suffisante pour ne pas heurter par ses deux bouts contre lesdits supports. Cette varlope se pousse avec autant de facilité que celle dont on se sert ordinairement, et lorsqu'elle cesse d'enlever des copeaux, toute

n'est point de rigueur, et ces côtés peuvent être laissés à angle droit; tous deux sont percés d'un trou en regard, le trou traversant le côté *b* est cylindrique, uni dans sa paroi; le trou traversant la pièce *e* est également cylindrique, mais taraudé et formant écrou. Le recouvrement *e* est assujetti sur la boîte par des vis *l* pénétrant dans l'épaisseur des plats-bords, ou par des boulons à écrou les traversant entièrement. Dans l'épaisseur de ce recouvrement sont taraudés des écrous qui reçoivent les vis de pression *m m*, appuyant sur les peignes aux points marqués *m m* sur la figure 5.

La pièce principale, le taraud *h*, est fait en acier, ou en fer qu'on trempe ensuite en paquet; la tête *h*, est carrée : on y ajuste une manivelle, un vilebrequin, ou un levier dit *tourne-à-gauche;* vient ensuite une partie cylindrique filetée d'un pas correspondant au taraudage du trou de la pièce mobile *e*, puis le taraud proprement dit, qui doit être cylindrique jusqu'à la ligne ponctuée *h"*, puis conique à partir de cette ligne jusqu'à la naissance du cylindre conducteur qui termine le taraud par le bas; ce cylindre doit entrer à frottement doux, mais senti, dans le trou pratiqué dans le côté *b*. La partie du taraud qui est conique recevra des dégagemens au moyen de coups de lime donnés en inclinant, ainsi que cela se pratique pour les tarauds-mères des filières à coussinets. La partie cylindrique, à partir de la ligne *h"*, sera plus grosse que la vis conductrice qui la suit immédiatement, et qui passe dans l'écrou de la pièce *e*, afin que cette vis ne puisse rencontrer les dents des pei-

la surface sur laquelle on opère se trouve terminée : cela fait, on retourne les pièces et on
recommence la même opération. Les supports *f*
montent et descendent à volonté avec les ailes *b*
pour s'ajuster suivant l'épaisseur des pièces de
bois sur lesquelles le travail se fait.

---

gnes lorsque le tarau est tout-à-fait passé, ainsi qu'il
est représenté dans la fig. 5.

Pour mettre ce tarau en place, on commence par
faire passer la tête carrée *h'* dans l'écrou de la pièce *e* ;
puis, après avoir vissé quelques filets de la vis cylindrique qui vient ensuite, on fait entrer le cylindre
situé à l'extrémité opposée dans le trou conducteur
percé dans le côté *b*. On met alors en place les vis *ff*
et on les serre pour consolider la pièce *c*. On doit
avoir autant de pièces *c* du rechange qu'on a de taraux, et avoir comme de raison autant de taraux
qu'on veut produire d'espèces différentes de peignes.
Le mode d'action de cet ustensile est facile à concevoir.

En tournant le tarau au moyen du carré *h'*, on
amène la partie coupante *h''* jusques au côté *e* ; la
vis conductrice se trouve, dans cette position, presque hors de la boîte, tandis que le cylindre qui traverse le côté *b* s'y trouve au contraire presqu'entièrement engagé. On place alors dans les entailles *g i*
les morceaux d'acier destinés à être convertis en
peignes. On en met un nombre plus ou moins grand,
selon la longueur de la boîte ; mais ils doivent toujours être placés au-dessous du premier filet. On
pose le recouvrement et on le fixe avec les vis *l l*,
puis on tourne les vis de pression *h m*.

Dans cet état de choses, si l'on tourne de nouveau
le tarau au moyen de la manivelle montée sur le
carré *h'*, le tarau, poussé par la vis conductrice, et
maintenu par le cylindre, taraudera régulièrement
en mordant peu d'abord, et en pénétrant plus pro-

Pour faire usage de ce banc et en tirer tous les avantages qu'il est susceptible de procurer, on le charge de la quantité de bois qu'il peut contenir placé sur un ou deux rangs, selon la longueur des pièces, après les avoir préalable-

---

fondément à mesure que la partie conique atteindra les peignes qu'il rencontrera sur son passage. Chacun de ces peignes offrira la coupe d'un écrou régulier qui serait tranché transversalement ; les dents seront inclinées suivant le sens de leur épaisseur et selon l'inclinaison de l'hélice du tarau. Ces dents seront parfaites après un seul passage de l'outil, et lorsque la partie cylindrique aura passé. Par ce moyen et en tenant la vis conductrice d'un moindre diamètre, en lui donnant un écrou particulier c, on évitera la prompte destruction de l'écrou, signalée avec raison par M. Molarn. Cet outil aura ces avantages sur les molettes, 1° qu'il fera des dents inclinées ; 2° que pris dans un étau, ou maintenu sous un valet et de telle manière que ce soit, il opérera seul, tandis que les molettes demandent à être montées sur un tour et à être centrées ; 3° qu'il pourra faire plusieurs peignes à la fois ; 4° qu'il les fera plus facilement et plus réguliers, parce qu'encore bien que les molettes fassent ordinairement bien, il n'est pas impossible qu'elles fassent mal, puisque la main qui tient le peigne pouvant varier, la régularité de l'opération se ressent de cette variation.

Ajoutons qu'encore bien que les peines et frais de la construction primitive paraissent plus considérables pour l'exécution de la boîte de M. Borel, ainsi perfectionnée, cette construction n'est cependant pas plus coûteuse que celle des molettes, le tarau-matrice pouvant être fait avec une filière à coussinets. Nous pensons que l'adoption de cet outil épargnerait beaucoup de travail et de perte de temps, et nous invitons

ment débitées à la scie, tant en longueur que largeur, et lorsqu'on les a assujéties par le moyen des crochets fixés sur ce banc, on opère avec la plus grande facilité et on met toutes les pièces à l'équerre, face par face, sans qu'il soit nécessaire de marquer aucune pièce au trusquin, ni de faire usage d'équerre. Par cette méthode, une personne quelconque pourra être chargée du travail et de faire dans un même temps autant de besogne que quatre bons ouvriers qui se serviraient des outils ordinaires.

L'appareil que l'on voit de côté et en plan, fig. 18 et 19, est établi pour monter des cadres de tableaux, estampes, etc.; il est formé d'un plancher a destiné à recevoir les pièces de bois déjà préparées à ongler, et d'une traverse diagonale b qui est fixée à ses extrémités par deux vis c; cette même traverse porte, dans son milieu, une troisième vis d servant à assujétir la pièce.

Figures 21 et 27, élévation et plan d'un mécanisme propre à former une quantité de tenons à la fois et d'un seul trait. On le charge d'autant de pièces de bois qu'il en peut tenir et qu'on assujétit par quatre vis à poignées b, vissées dans la traverse supérieure c; les bouts appuient sur une pièce de bois d. On commence le travail par tracer un trait à l'équerre sur le bout des pièces de bois auxquelles on

---

fortement les personnes qui sont à même de faire des essais, de mettre en pratique ce qui n'est encore pour nous qu'une théorie, mais une théorie tellement claire, qu'il nous semble que les difficultés qu'elle paraît présenter, s'applaniront plutôt qu'elles ne s'accroîtront lors de l'application.

veut pratiquer des tenons; on passe le rabot représenté sur deux faces fig. 25 et 26, pour dresser le bois debout, jusqu'à ce qu'on soit arrivé au trait qu'on a tracé. On fait ensuite les arrasemens avec la scie montée en forme de bouvet, que l'on voit sur deux faces fig. 31 et 32, à la profondeur et à la distance convenables; il serait même à propos d'avoir un second bouvet de même forme, pour faire une seconde incision au même degré de profondeur au milieu du bois à enlever, pour former la face entière des tenons, attendu que ces deux empreintes donneraient beaucoup de facilité pour enlever le reste avec le guillaume. On tourne ensuite le mécanisme pour achever les tenons de la même manière, du même bout, et l'on agit de même pour l'autre extrémité de la pièce de bois, si elle doit porter un tenon.

Figures 13 et 14, élévation et coupe horizontale d'un mécanisme propre à former les onglets; ce mécanisme et celui qui est représenté fig. 18 et 19, s'assujétissent sur un banc quelconque, à l'aide d'un ou de deux valets.

Figure 30, racloir dont la forme peut être celle d'un rabot rond, d'une varlope, d'une mouchette ou d'une moulure quelconque, il dresse et polit le bois sans laisser d'inégalités.

Figures 15, 16, 17, vue sur trois faces d'un outil au moyen duquel on fait avec célérité, aux extrémités des bois coupés d'onglet, des mortaises sans risquer de fendre le bois, pour peu qu'il reste d'épaisseur en dehors de ces mortaises.

Figure 22, plan d'un châssis épais propre à faire des coffres et autres objets formant onglet à chacun des quatre angles. Huit vis *a*, dont on n'en voit que quatre dans la figure, parce

que les autres sont placées directement au-
dessous de celles-ci dans l'épaisseur des côtés
du châssis, servent à rapprocher les côtés *bc* de
la boîte qu'on veut former des deux autres
côtés *de*, sont appliquées contre deux des côtés
du châssis. Dans chaque angle il y a de petits
crampons en fil de fer qui se grippent dans
l'épaisseur des bois, à l'endroit des onglets.

Fig. 28, racloir en forme de rabot à deux
manches, pour arrondir et adoucir les pièces de
bois.

Fig. 29, autre racloir dont la coupe est la même
que celui en usage, et qu'on peut monter indifféremment à un ou deux fers, pour dégrossir les
pièces qu'on veut arrondir.

Fig. 23 et 24, élévation et coupe verticale d'une
machine destinée au même usage que celle représentée figures 13 et 14.

*Tour propre à fabriquer des vis et des clous
d'épingles dits pointes de Paris.*

Brevet d'invention pour quinze ans, pris le 9
mai 1806, par MM. JAPY frères, à Colmar (Haut-
Rhin).

*(Description des machines et procédés spécifiés
dans les brevets d'invention, dont la durée est
expirée, tom. VIII, page 285, n. 670.)*

Description du tour à vis (1).

« Planche 5, *fig.* 33, élévation latérale.
a, support des diverses parties du tour.

---

(1) Tout le monde se sert des vis Japy ; on admire
la finesse de leur pas, la netteté de leur découpure ;

b, lunettes.

c, poupée portant l'approche *d*, à laquelle sont adaptés deux porte-burins *ef*, dont l'un *f*, porte une tige verticale *g*, qui engrène le pas de vis du régulateur *h* ajouté au mandrin *i* mobile à volonté, dans les deux lunettes *b* par le simple effet du renvoi, figures 38 et 39, qui se fixe à l'établi dans une direction parallèle à la gorge de la poulie du mandrin et à la roue. Cette direction parallèle de la corde étant dérangée par le chemin que fait le régulateur dans la direction horizontale est rétablie par le ressort de la corde.

_____

nous avons pensé qu'on serait flatté de connaître la machine à l'aide de laquelle on les confectionne. On trouve dans le même ouvrage deux autres moyens de fileter les vis à bois, dont nous ferons seulement mention, afin que celui qui voudrait établir une machine semblable, fût mis à même de connaître les trois manières de faire, en en faisant la recherche, et pût choisir dans les trois les parties les plus avantageuses à reproduire. Ne pouvant donner les trois tours compliqués, nous avons choisi celui de MM. Japy, dont le nom est plus connu, sans cependant lui accorder aucune préférence sur les autres, mais seulement parce qu'il fallait opter entre l'un des trois. Voici l'indication précise des deux autres.

« Pour un Tour dit *Tour-à-Pompe*, au moyen duquel on forme les filets des clous à vis pour le bois. Brevet d'invention pour cinq ans, pris le 15 novembre 1814, n° 627, par M. GONNART, Mᵐᵉ vᵉ DEMÉNIQUE et M. REINVPACH, manufacturiers de carrés de montres, à plancher les mines. (Haute-Saône.)

(*Description des machines et procédés*, etc., même t. VIII, p. 91.)

Le détail verbal est étendu, clair, intelligible ; il

Le porte-burin *f*, vu de profil, fig. 43, est
placé dans la même inclinaison que le filet du
régulateur, par le moyen d'une vis.

Le porte-burin *e* sert à couper la vis en
pointe.

j, vis pour serrer le fil de fer.

k, vis pour fixer le régulateur au mandrin.

On fixe le tour à l'établi, à l'aide de deux pat-
tes pareilles à celle représentée fig. 42. »

────────────────────

est précédé de ces considérations générales bonnes à
reproduire.

« Deux sortes de procédés sont en usage pour fabriquer les vis à bois : la filière et le tour. La filière a
l'inconvénient de détruire la ductilité du fer; les pas
de la vis sont d'une force inégale. Certaines parties
du clou présenté à la filière étant plus ou moins dures,
plus ou moins nerveuses, plus ou moins résistantes,
les filets se ressentent d'autant plus de cette inégalité,
que la forte compression de la filière, et la chaleur
qu'elle développe, tendent encore à augmenter ces
défauts et à rendre le fer plus cassant : aussi les gerçures, les pailles et autres accidens, font rejeter ces
sortes de vis par beaucoup d'ouvriers. Les vis faites
au tour sont exemptes pour la plupart de ces inconvéniens. Il n'y a que deux moyens principaux d'employer le tour; c'est de rendre le burin mobile et
l'arbre fixe, ou le burin fixe et l'arbre mobile : c'est
ce dernier procédé que nous suivons, etc., etc. (*suit
la description.*)

MACHINE A TARAUDER LES VIS. Brevet d'invention
pris pour cinq ans, le 7 juin 1817, n° 737, par le
sieur TOURASSE aîné, à Paris.

(*Description des machines et procédés*, etc., t. IX,
page 201 et planche 28.)

Le détail verbal est clair et intelligible.

Presse pour fabriquer les têtes de vis.

« Fig. 37, élévation de cette presse.

A, fig. 37 et 41, plaque à laquelle sont adaptés deux pivots B, servant à placer la tête de la vis au centre de pression du balancier.

Fig. 40, empreinte qui s'adapte à la pièce coulante C, fig. 37, pour donner à la tête de la vis, la forme que l'on désire.

Fig. 35, la filière vue de face, garnie de ses coussinets, et d'une vis de pression.

Fig. 36, la même filière, vue de profil, posée sur une plaque D, fixée à l'établi par deux vis à bois; deux pièces à coulisse F, servant à approcher ou à éloigner à volonté cette filière de la plaque, en raison de la matière destinée à former la tête de la vis.

La pièce à coulisse supérieure est percée d'un trou carré, dans lequel la filière est serrée à volonté.

Fig. 34, autre filière pour enlever les bavures résultant de la première pression. »

CASIER *cylindrique à pivot, appelé* Volumen, *pouvant former un corps de bibliothèque et des armoires mobiles et transportables.*

Brevet d'invention, pris le 20 janvier 1820, pour cinq ans, par M. RIPAULT, à Paris.

(Description des machines et procédés spécifiés dans les brevets d'invention, de perfectionnement et d'importation, dont la durée est expirée, tom. XI, page 115.)

2. 24

Explication des figures.

« Planche 7, fig. 15, casier cylindrique vu dans son entier, et monté sur son pied.

Fig. 16, coupe verticale.

Fig. 20, coupe du plateau, ou disque inférieur du cylindre.

Fig. 27, plan du plateau supérieur.

Fig. 22, coupe horizontale suivant *a b*, fig. 15.

Fig. 17, boîte en forme de polyèdre, servant d'enveloppe au cylindre-casier, et indiquant le moyen d'en opérer la fermeture.

Fig. 29, plan des parties supérieures et inférieures de l'enveloppe qui se ferme en haut et en bas, par un crochet à piton.

Fig. 23, plan indiquant la manière dont s'ouvre l'enveloppe.

Fig. 21, plan du pied qui supporte le cylindre-casier.

Fig. 18, arbre en fer sur lequel tourne le cylindre.

Fig. 25, plan de l'une des tablettes du casier.

Fig. 19, coupe verticale d'une espèce de boîte, destinée à recevoir l'extrémité supérieure de l'axe.

a, cylindre-casier, entouré de son enveloppe *b*, et porté sur un pied triangulaire *c*, représenté en plan fig. 21 ; ce pied est muni en-dessous de boulets *d*, qui lui donnent la facilité de se mouvoir en tout sens.

e, manchon en bois dont l'objet est de fixer sur l'axe l'enveloppe *b* du casier ; ce manchon est représenté aux détails, sur deux faces et sous la même lettre *e*.

f, branche en fer traversant le manchon et l'axe, pour empêcher ce manchon de tourner.

Le manchon *e* est fixé à la base *g*, fig. 15 de l'enveloppe du casier, par un disque en fer, vu en plan et de profil, fig. 20, sur lequel sont deux petites broches qui se logent dans une rainure pratiquée sur le manchon.

h, plateau formant la base inférieure du cylindre; il est vu en plan par-dessus, fig. 26; il est garni d'un fort triangle en fer *i*, fixé par des vis, et reçoit à son centre l'arbre *k*.

l, plateau formant la partie supérieure du cylindre; il est vu en plan par-dessus, fig. 27, où se trouve fixé par des vis une traverse en fer *m*, portant un petit axe supplément. (Voyez les détails.)

Au centre du cylindre-casier *a*, et dans toute sa longueur, est réservé un espace cylindrique *o* qui traverse les plateaux *h l*, comme on le voit fig. 16, 26, 27 et 22, et dans lequel se trouve logé l'arbre vertical *k* en fer; sur lequel tourne le cylindre; cet arbre se fixe au pied *c*, fig. 15 et 21, entre un écrou *q* et une embase, fig. 18; il porte à sa partie supérieure un second écrou *q*, qui empêche le diaphragme *r*, fig. 16, de dépasser cet arbre quand on élève le cylindre. Des trous *s*, fig. 18, pratiqués horizontalement dans l'arbre *k*, permettent d'élever le cylindre à la hauteur désirée.

t, tablettes que l'on voit en plan, fig. 22, et séparément fig. 25; elles sont échancrées sur le bord extérieur, pour donner la facilité de prendre les papiers qu'on a placés dessus.

u, faux cylindre composé de boîtes assemblées circulairement, et maintenues par un fil de laiton; il est destiné à retenir les cartes ou bulletins qui pourraient s'enfoncer trop avant dans les cases.

v, montans qui séparent les tablettes; ils ne

s'enfoncent pas jusqu'au faux cylindre, et laissent entre le cylindre et eux, une espace circulaire x.

Chaque tablette peut, au besoin, se partager dans sa largeur, au moyen de petites planches verticales, munies en dessous d'une petite broche de fer qui est reçue dans les trous y pratiqués dans chaque tablette.

z, montans en fer rond, s'élevant verticalement du fond inférieur du cylindre, jusqu'au fond supérieur pour consolider l'assemblage. Ces montans, au nombre de six, sont placés derrière les planches qui séparent les tablettes, comme on le voit dans les figures 22, 26 et 27.

Le cylindre-casier repose à la partie inférieure, sur une rondelle mobile en cuivre, enfilée sur l'axe, et appliquée elle-même sur une autre bague de même métal, fixée sur l'axe par une branche de fer semblable à celles que l'on voit en f, fig. 15.

a', fig. 19, boîte cylindrique en acier fondu, destinée à recevoir le sommet de l'axe. Elle est percée obliquement d'un petit trou qui permet d'introduire quelques gouttes d'huile sur le bout de l'axe. Quatre branches b', faisant partie de cette boîte en crapaudine, permettent de la fixer sur un cylindre en bois c, de six à huit pouces de diamètre foré dans toute sa longueur, et placé au centre du grand cylindre-casier.

d', pièces en fer ou en cuivre, servant à diriger l'arbre.

e', tablette reposant contre le cercle intérieur.

Le cylindre casier à pivot que l'on vient de décrire, peut-être disposé par l'arrangement de ces tablettes, de manière à former un corps de bibliothèque au moyen duquel, sans changer de place, on pourrait faire passer tous les livres devant soi ; il peut aussi servir d'armoire commode, à l'usage du naturaliste, de l'antiquaire et autres, on pourrait encore appliquer sur un cylindre de ce genre, construit à jour, des cartes de géographie qu'on est obligé de tenir roulées.

Construit en petit, il peut être placé sur un bureau, ou sur un pied comme un pupitre dans un cabinet de travail (1).

Tour mécanique et universel, destiné à construire et perforer les essieux et boîtes des voitures.

Brevet d'importation pris le 6 mars 1820, pour cinq ans, par M. P. Groves, à Paris.

(*Description des machines et procédés, etc. t. XI, page 3.*)

Explication des figures.

Planche 6, fig. 40, élévation latérale du tour. Fig. 41, plan.

------

(1) Les tourneurs amateurs nous sauront gré de leur avoir donné connaissance de ce joli modèle qui sourit à l'imagination. Il y aura sans doute beaucoup de choses à changer ; ce cylindre creux, du centre, est absolument inutile, un artiste ingénieux saura en tirer parti ; la forme circulaire serait incommode s'il s'agissait de faire servir le casier de bibliothèque, la forme, plan carré, pourra dans ce cas être substituée avec avantage : quant à l'explication de la figure 19, et à cette figure elle-même, elle nous semble étran-

a, banc à coulisse d'une seule pièce en fonte.

b, support à coulisse portant un des arbres à pointe du tour.

c, support à coulisse portant l'arbre à pointe *d*.

e, roue d'engrenage pour tourner les boîtes des roues de voiture.

f, grande poulie dont l'arbre porte un pignon *g*, qui engrène la roue *e*.

h, chariot à coulisse et à double manivelle servant à tourner cylindrique et conique.

Les diamètres se déterminent par un cadran à aiguille *i*. Sur ce chariot est un plateau à coulisse *k*, marchant en divers sens au moyen des manivelles, et portant les outils à tourner le fer.

l, essieu disposé sur le tour pour être tourné.

m, support à douille et à vis.

Explication des détails.

Fig. 42, 43, vues de face et de profil du mandrin qui tient la boîte de fer à percer que l'on voit en coupe, fig. 44.

Fig. 51, égarissoir pour percer les boîtes.

---

gère à la démonstration, et paraît être l'indice d'une autre manière de faire pivoter le casier dont il n'est point fait mention dans l'article. Quoiqu'il en soit, on conviendra toujours avec nous que l'idée est heureuse et qu'elle peut donner naissance à la construction de meubles fort commodes et fort jolis, encore bien qu'il nous semble qu'il n'y ait pas eu là matière à brevet, et que nous pensons que l'auteur n'en ferait pas une seconde fois la dépense, si la chose était à faire.

Fig. 48, 49 et 50, vues sur les deux faces et de profil d'un petit plateau en cuivre, muni de deux vis *r*, et servant à tourner creux.

Fig. 45, 46, vues de face et de profil d'une grande plate-forme, pour dresser les tables en fer et les percer à jour.

Fig. 47, outil servant à forer des trous dans les cercles des roues.

Ce tour peut être mis en mouvement par un seul homme (1).

Description d'une petite machine propre à couper les bois et les métaux, employée en Angleterre.

« On se sert dans les ateliers de construction de Londres, d'une espèce de tour, sur l'arbre

---

(1) Cette explication est courte et serrée; la personne chargée par le Gouvernement de la publication des brevets ne fait pas grands frais de rédaction, ce qui est souvent un grand inconvénient. Ce tour, les pièces qui l'accompagnent, et surtout le support à chariot, auraient exigé quelques détails. Si le brevet ne contenait que ceux publiés, on ne peut s'en prendre qu'au breveté, mais dans ce cas il aurait été utile de dessiner le tour sur une plus grande échelle, afin de compenser par la clarté du dessin ce qu'il y a de trop concis dans le texte. C'est un reproche qu'on pourrait faire à la presque totalité des descriptions écrites de l'ouvrage auquel nous empruntons ces articles; il y a luxe de planches et parcimonie de texte. Nos lecteurs comprendront que ne possédant ni modèles ni dessins originaux, nous ne pouvons, de nous-mêmes, suppléer à ce qui manque, en essayant de le faire, nous risquerions de tomber dans des suppositions qui, détruites par l'expérience, seraient pires encore que le silence que nous croyons devoir garder.

duquel est monté une fraise ou scie sans fin, destinée à couper, sur toute longueur et épaisseur, les pièces de bois et de métal qui entrent dans la composition des machines ou mécanismes.

Cette machine, simple et ingénieuse, construite par M. Galloway, habile mécanicien, opère avec une célérité et une précision remarquables. L'emploi de la fraise n'offre sans doute aucune idée nouvelle; mais le principal mérite de ce tour consiste à pouvoir régler à volonté la vitesse des mouvemens, ainsi que l'épaisseur, la largeur et l'angle, d'après lesquels la pièce doit être coupée.

Comme la machine dont il s'agit n'est encore employée en France que par M. Calla et dans la fabrique de M. Dollfus, à Mulhausen, nous avons cru devoir la faire dessiner et graver, dans l'espoir qu'elle pourra être promptement introduite dans nos ateliers, ses avantages sur les moyens employés jusqu'à présent pour le même objet étant incontestables. Le mécanisme en sera aisément compris à la simple inspection des figures.

Explication des figures, 1. — 14, pl. 7.

Les mêmes lettres indiquent les mêmes objets dans toutes les figures.

Figures 9 et 10, vue de l'ensemble de la machine, montée et prête à fonctionner.

Fig. 9, élévation latérale du côté de la fraise.

Fig. 10, la machine vue par devant et du côté où se place l'ouvrier. On peut la faire mouvoir soit au moyen d'une pédale, comme les tours ordinaires, soit par tout autre moteur.

Fig. 1, 2, 3, 4, 6, 7, 8, 11, 12, 13, 14, détail des pièces qui composent la machine.

Fig. 5, vue en-dessus de la table sur laquelle on place les pièces destinées à être coupées.

Fig. 11, coupe de cette même table.

Fig. 14, l'axe portant les pignons qui font agir les crémaillères, vu séparément.

Fig. 12, l'une des crémaillères, vue en élévation et de face.

Fig. 13, la même vue de profil.

Fig. 3 et 3 bis, l'une des coulisses, vue en-dessous et en coupe.

Fig. 6 et 7, vis de pression qui règle l'écartement des coulisses.

Fig. 4 et 8, plan et élévation du guide oblique et de l'écrou à tige qui le fait mouvoir.

Fig. 1, la fraise montant sur son arbre, vue en coupe.

Fig. 2, la même, vue en élévation et séparée.

A, scie circulaire ou fraise en tôle d'acier, qui doit être parfaitement dressée.

B, arbre en fer sur lequel la fraise est solidement montée.

C, poupée à pointes entre lesquelles tourne l'arbre B.

D, montant du bâti.

E, sommier du bâti sur lequel sont établies les poupées.

F, arbre coudé tournant entre les pointes des deux vis G G, fixées dans le montant D D du bâti.

H, grande poulie en bois à trois gorges de rechange. Elle est fixée au moyen de vis à bois sur une roue en fonte de fer I, montée sur l'arbre F, et faisant fonction du volant.

J, petite poulie en bois montée sur l'arbre B, et qui reçoit le mouvement de la poulie H au moyen d'une corde sans fin K.

L, pédale sur laquelle l'ouvrier agit avec le pied pour faire mouvoir la machine.

M, axe de cette pédale oscillant entre les vis à pointes N N, taraudées dans le bâtis.

O O, bras qui supportent la pédale.

P, traverse qui transmet, au moyen de la bielle Q, le mouvement de la pédale à l'arbre coudé F.

R, table en fer fondu dressée, sur laquelle on fait couler le bois ou le métal à scier.

S S, cadres en fonte de fer qui supportent la table R. Ces deux cadres glissent verticalement entre les coulisses de cuivre T T, fixées sur le sommier E bâti, et dont l'écartement est réglé par des vis de pression U U.

V V, crémaillères en cuivre, fixées sur les cadres S S.

X, axe tournant dans des coussinets adaptés sur le sommier E, et muni de deux pignons n n qui engrennent dans les crémaillères V V.

Y, guide parallèle en fer fondu. Ce guide étant susceptible de s'éloigner et de se rapprocher de la scie A, son parallélisme avec cette scie est conservé par les deux petits bras Z Z qui se meuvent autour des centres a a. La distance du guide à la scie est réglée par le boulon b qui coule dans une rainure courbe c.

d, guide oblique en cuivre posé sur le petit coulisseau e. Il est construit de manière à former avec le coulisseau différens angles, dont la valeur peut se déterminer au moyen d'une division graduée, tracée sur le même coulisseau. L'écrou à tige h fixe le guide dans la position que l'on lui a donnée. Le coulisseau coule horizontalement entre la table R, dont le champ est rendu angulaire à cet effet, et la coulisse f fixée sur les cadres S S au niveau de la table. Le parallélisme de la coulisse avec la table est réglé par les vis de pression gg.

Pour faire usage de cette machine, on fixe d'abord le guide parallèle Y à une distance voulue de la scie, en se guidant sur une échelle graduée K, gravée sur la table. On pose le pied sur la pédale, et on lui imprime le mouvement comme à un tour à pédale ordinaire, puis on place sur la table R la pièce de bois ou de métal destinée à être coupée; on la pousse contre les dents de la scie, en l'appuyant dans l'angle que forme le guide et la table. En opérant de cette manière, on ne peut faire dans le bois qu'un trait de scie parallèle au bord, qu'on appuie contre le guide; mais si on veut scier dans une autre direction, on appuie la pièce contre le guide oblique d, et on fait tourner celui-ci sur son centre, au moyen de la vis à tige h, jusqu'à ce que la ligne suivant laquelle on veut scier se trouve dans le plan de la scie : alors on donne le mouvement à la pédale, et on pousse tout à la fois le guide et le bois.

La hauteur de la table R, par rapport à la scie, peut encore varier sur l'épaisseur de la pièce à scier. Un carré l, pratiqué au bout de l'axe X, reçoit une manivelle : en tournant cette manivelle à droite ou à gauche, on élève ou on abaisse les crémaillères VV, et par conséquent la table R à laquelle elles sont liées. Les vis m servent à serrer les cadres SS et à les fixer à la hauteur qu'on leur a donnée. »

(Bulletin de la Société d'Encouragement, année 1823, page 219 (1).

Une scie, semblable au fond, mais différentes par les formes a été importée d'Angleterre par

Quelques mots sur le tour de M. James Clément de Londres.

Il n'a pas été possible de comprendre ce tour dans notre appendice (Voy. note 3, page 249.), puisque sa démonstration entière et détaillée aurait absorbé à elle seule autant de pages qu'il en contient, et que les figures sont tellement nombreuses, que toutes réduites qu'il aurait été possible de les faire, elles auraient encore rempli deux planches entières ; ce qui aurait fait hausser de beaucoup le prix de notre ouvrage. Ce tour est tellement compliqué, qu'il est peu probable que l'usage s'en répande dans les ateliers; mais pour qui veut la perfection, il ne laisse rien à désirer. Entr'autres qualités recommandables, qui se rencontrent d'ailleurs dans d'autres tours, celui de M. Clément tranche une difficulté qu'aucun artiste avant lui n'avait osé aborder, et dont la solution sera avantageuse pour les mécaniciens.

Tout le monde sait que la vitesse du mouvement de rotation des objets montés sur le tour doit être en relation avec les matières et avec la grandeur des objets à tourner. Le bois peut être tourné par un mouvement très-accéléré; il y a cependant des limites passé lesquelles l'outil ne coupe plus, s'échauffe et se détrempe. Le fer

M. de Pontejos : on en trouve la description dans l'Industriel. Cette scie est employée dans plusieurs grands ateliers, notamment dans ceux de M. Pape, célèbre facteur de pianos ; les ouvriers en sont très-satisfaits.

exige un mouvement beaucoup plus lent, et la fonte surtout cesse d'être divisée par le tranchant de l'outil, si l'accélération du mouvement passe telle proportion. La fonte fait alors l'effet d'une meule; c'est elle qui entame l'outil. Chacun a son *quantum*; les uns prétendent que la vitesse doit être de dix à quinze pieds par minute, les autres de trente à quarante, d'autres enfin veulent une vitesse plus grande. Quant à nous, nous n'avons jamais pensé à mesurer cette vitesse, nous savons qu'elle doit être moindre que celle nécessaire pour que le fer se coupe bien. Pour atteindre les divers degrés d'accélération du mouvement, on a des roues motrices de diamètres différens et des poulies correspondant à ces diamètres; ainsi qu'on l'a vu par la poulie *i'*, fig. 29, 31, pl. 4, fig. 5, pl. 5, 1re pl. 6, et fig. 10, pl. 7. Si l'on tourne un cylindre en bois d'un très-grand diamètre, on diminue le diamètre de la roue motrice, on augmente celui de la poulie, et par ce moyen on ralentit le mouvement qui doit être plus lent que lorsqu'il s'agit de tourner de petits cylindres. S'il s'agit de tourner de la fonte, on met ordinairement la corde sur la plus petite des cerches de la roue motrice et sur la plus grande des poulies, c'est en changeant ainsi le rapport des diamètres de la roue motrice et de la poulie qu'on accélère ou que l'on ralentit le mouvement de rotation : mais cette faculté qu'ont les tourneurs est bornée à la circonférence, au périmètre des objets, s'il s'agit de tourner un plateau étendu, de le dresser par-devant, ils obtiendront bien la vitesse convenable pour la circonférence et les parties qui l'avoisinent; mais à mesure qu'ils se approche- ront du centre, le mouvement de rotation devien- dra plus lent, et enfin près du centre il sera

2. 25

trop lent, l'ouvrage n'avancera pas. Ces cas se présentent assez souvent chez les constructeurs de machines ; nous avons vu dresser un plateau de fonte, destiné à faire un mandrin universel, qui avait huit pieds de diamètre. On a été obligé de changer quatre fois la corde de poulie afin d'accélérer le mouvement au fur et à mesure qu'on se rapprochait du centre; mais alors les repos de l'outil pendant le changement de poulies, laissaient des traces sur l'ouvrage, et il n'y a pas de moyen connu dans les arts d'éviter cet inconvénient. C'est à le surmonter que M. James Clément s'est appliqué, et son tour, réunissant d'ailleurs toutes les perfections connues, possède encore ce moyen qui ne se rencontre pas dans les autres machines-outils de ce genre; le mouvement de rotation est accéléré ou ralenti à la volonté du tourneur, sans que la fonction de l'outil soit un instant suspendue.

Pour parvenir à se procurer cet effet surprenant, l'auteur emploie deux cônes allongés et tronqués tournant parallèlement sur des axes et tournés en sens contraire, c'est-à-dire que la base de l'un se trouve en regard du petit diamètre de l'autre. De ces deux cônes égaux, l'un est la roue motrice, l'autre est la poulie; la communication du mouvement a lieu par le moyen d'une courroie plate embrassant l'un et l'autre cône. Cette courroie est maintenue tendue par les moyens ordinaires ; elle peut être poussée à droite ou à gauche au moyen d'un mécanisme très-simple et facile à concevoir. L'axe du cône qui fait l'office de la poulie communique par un engrenage avec l'axe du tour. Lorsque le tourneur veut accélérer le mouvement, il pousse la courroie du côté de la base du cône servant de roue motrice; par ce mouve-

ment, cette courroie passe sur le petit bout du
cône servant de poulie, et le tour est alors entraîné rapidement : s'il veut ralentir, il pousse la
courroie dans le sens contraire, et alors le cône,
roue-motrice, fait trois ou quatre tours, plus
ou moins, selon la différence des diamètres,
pour faire faire un tour au cône-poulie. Lorsque
la courroie partage les deux cônes par la moitié
de leur hauteur, le cône-poulie suit le mouvement du cône-roue motrice et ne fait qu'un
tour, par révolution de cette roue. Telle est la
très-ingénieuse méthode de M. James Clément.
Nous regrettons que la complication de ce tour
nous impose la nécessité de ne le point faire
connaître dans ses détails, mais nos lecteurs sai-
siront probablement, d'après le peu que nous
pouvons leur dire, comment le mouvement peut
être ralenti ou accéléré à volonté, et c'est en
ce point surtout que ce tour est important à
connaître.

Objets divers.

Il a été donné, dans le Manuel et dans l'appendice, différentes recettes de teinture, nous
croyons devoir faire connaître celles qui suivent,
plus récemment annoncées dans les journaux
scientifiques français et anglais.

Teinture écarlate de l'ivoire pour les billes de billard, et pour les os en général.

« Prenez deux *quartes* d'une lessive de cendres, mettez-les dans un poêlon sur une livre
de bois de Brésil, ajoutez deux livres de copeaux
de cuivre et une livre d'alun, faites bouillir le

tout pendant une demi-heure, et laissez éclair
cir. Dans la liqueur décantée vous mettrez le
objets à teindre : plus ils séjourneront et plu
leur couleur sera semblable à celle du beau
corail.

Voici une autre recette dont un des correspondans du *Mechanic's-Magasine* dit avoir fait
usage avec le plus grand succès pendant longues
années, et au moyen de laquelle on peut, dit-il,
avec quelques variations dans les doses d'ingrédiens, obtenir toutes les différentes nuances
entre l'orangé pâle et le rubis foncé ou pourpre.

« L'ivoire doit être finement poli par les procédés ordinaires, au moyen de savon, d'eau et de
craie en poudre étendue sur un chiffon de toile
de lin et frotté ensuite à sec avec un autre chiffon semblable.

« Pour la teinture, prenez une once de la plus
belle cochenille, deux drachmes de crème de
tartre et gros comme une noix d'alun : broyez
ensemble la cochenille et l'alun et réduisez-les
en poudre modérément fine : servez-vous pour
cela d'un mortier de verre ou de porcelaine;
mêlez ensuite la crème de tartre, et enveloppez
le tout dans un nouet (*sachet*) lâche de mousseline. Mettez ce nouet dans un poêlon étamé
avec une pinte d'eau pure et traitez au bain-
marie. D'autre part, plongez l'ivoire pendant
trente ou quarante secondes dans de l'acide nitrique très-faible, et qui n'offre au goût qu'une
légère acidité : lavez-le ensuite pendant cinq ou
six minutes dans de l'eau claire. Alors, à l'aide
d'une cuiller de bois, ou de pincettes de la
même matière, plongez cet ivoire dans le bain
de teinture, ayant bien soin de n'y pas toucher
avec les doigts. Aussitôt que le bain sera chaud,
la couleur, qui dans ce moment sera cramoisie

ou teinte de rubis, pénétrera dans l'ivoire. Pour rendre cette couleur écarlate, ayez d'avance une solution saturée d'étain dans l'acide muriatique, dont il faut verser avec précaution *guttatim* dans le bain de teinture, jusqu'à ce que l'ivoire ait acquis la nuance désirée. Afin de pouvoir s'arrêter au point convenable, il sera bon d'avoir sous les yeux, comme objet de comparaison, un morceau de drap de belle écarlate ; si l'on avait dépassé par accident la quantité convenable de dissolution d'étain, ce qui ferait tourner la couleur à l'orangé ou même au jaune, on restaurerait à volonté la nuance rubis au moyen d'une addition de quelques gouttes d'une solution de sel de tartre (sous-carbonate de potasse), quand on est arrivé à la nuance désirée, on enlève les pièces d'ivoire toujours avec un instrument de bois, on les essuie promptement et on les enveloppe dans un linge propre pour les laisser refroidir lentement, sans quoi l'ivoire se fendillerait. Les pièces refroidies peuvent être de nouveau polies d'abord avec une brosse rude, et ensuite avec une brosse douce imbibée de la moindre quantité possible d'huile douce.

Vernis inattaquable.

M. John Oxford a montré que le naphte ou huile essentielle du goudron de charbon de bois purifié et saturé de chlore, se convertit en huile fixe de couleur rouge claire, et qu'il s'épaissit au point de former une gelée par un temps froid. Une partie d'huile, deux de blanc de plomb, une de chaux épurée et une de charbon de goudron broyées ensemble, forment une peinture qui résiste aux divers agens qui attaquent les substances sur lesquelles elle est appliquée, et suffisent pour mettre le bois à l'épreuve de la vermoulure et autres détériorations ; cette application des goudrons extraits par la distillation des bois, est indiquée dans divers ouvrages publiés depuis plusieurs années, entr'autres dans les essais chimiques de Pakes.

Autre pour meubles.

Un ébéniste anglais trouve de grands défauts dans la composition des vernis ordinaires et leur reproche la difficulté de l'emploi. Voici celui dont il fait usage, et qui lui procure, dit-il, une espèce d'émail inaltérable par le frottement, l'eau bouillante, les graisses, et même les acides faibles.

Prenez une quarte d'huile de lin, exprimée à froid ; faites tiédir, mais non pas bouillir, pendant dix minutes, passez ensuite à la flanelle, ajoutez-y un huitième de quarte d'essence de térébenthine ; appliquez ce vernis au moyen d'un chiffon de toile de lin et très-légèrement. Dans l'intervalle des applications, laissez complètement sécher, et, avant de donner les couches, lavez exactement à l'eau pure pour enlever la poussière. Un assez grand nombre de couches est nécessaire, mais l'on n'a pas besoin de polir ce vernis, et il finit par acquérir la dureté et le brillant d'une glace.

Autre Vernis.

Nous trouvons à la page 3o du Journal des Ateliers, à l'article *ébénisterie, tour*, le passage suivant qui n'est pas sans intérêt, nous le transcrivons mot à mot.

« . . . . . Nous extrairons de la lettre que nous adresse l'un de nos abonnés des départemens, le passage suivant....

« Dans le mode d'obtention des acides colorans donné dans votre Art du Tourneur, figure, sous l'acide nº 2, un véritable oxide, ou seulement un protoxide qui est aussi limpide que les autres acides. Ce nº 2 donne une très-belle couleur; mais pour la faire ressortir, on est obligé de vernir la pièce, comme cela se pratique pour les bois. J'ai obtenu, par un procédé plus simple, un nitrate de fer ou plutôt un péroxide de fer en dissolution, de consistance oléagineuse, en attaquant directement la tournure ou limaille de fer par l'acide nitrique (eau forte) plus ou moins concentré : celui du commerce est suffisant, qui, après la dissolution métallique, peut être étendu d'eau et ramené ainsi si l'on veut à l'état de simple oxide.

« Je prends une petite fiole à médecine (1); j'y introduis à froid une certaine quantité de tournure de fer en petite quantité à la fois. Lorsque la dissolution entière du métal a eu lieu (il faut éviter avec soin de respirer les vapeurs très-délétères qui s'échappent pendant l'opération, et l'on doit, autant que possible, opérer en plein air), l'acide est très-coloré, j'ajoute alors de nouvelle limaille jusqu'à ce que l'acide soit suffisamment saturé et de consistance oléagineuse. C'est dans cet état que je m'en sers en l'appliquant avec un pinceau sur le bois. Il

(1) Dans laquelle on met de l'acide nitrique.

s'y attache fortement et y adhère comme un vernis et plus qu'un vernis ; il laisse apercevoir le
veiné et les dessins, ensorte qu'en en faisant
usage, je me dispense d'apposer aucun vernis.
Je n'ai pas essayé de le polir, mais, comme il
est très-solide, je crois que les pièces qui en
sont revêtues sont susceptibles de recevoir cette
dernière préparation..... »

FIN DE L'APPENDICE.

TABLE DES MATIÈRES

CONTENUES DANS LE SECONDE VOLUME.

FIN DE LA TABLE.

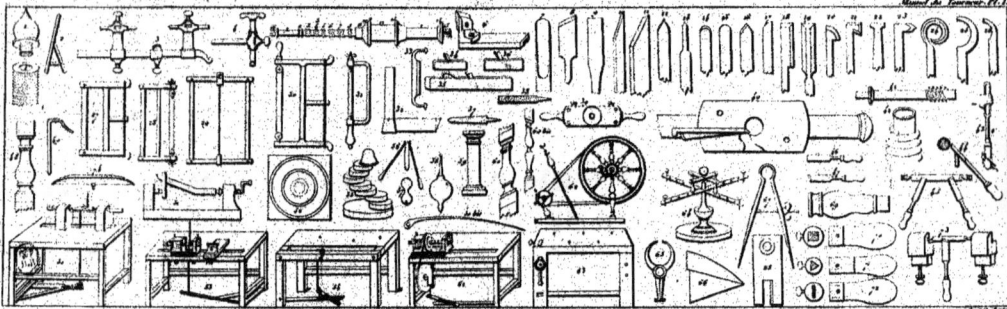

Manuel du Tourneur. Pl. 1.

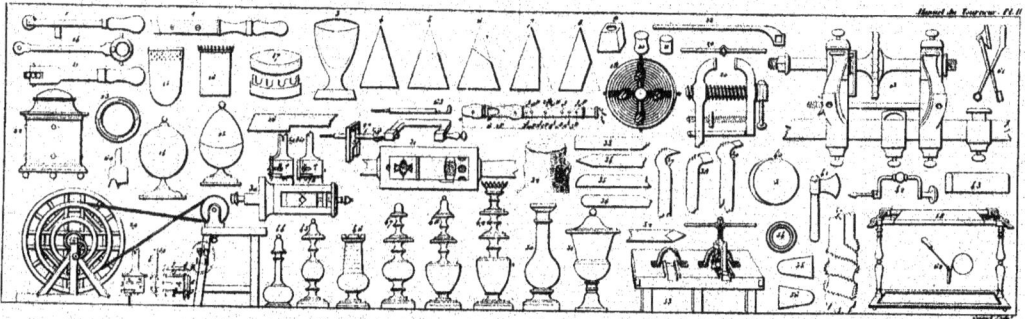

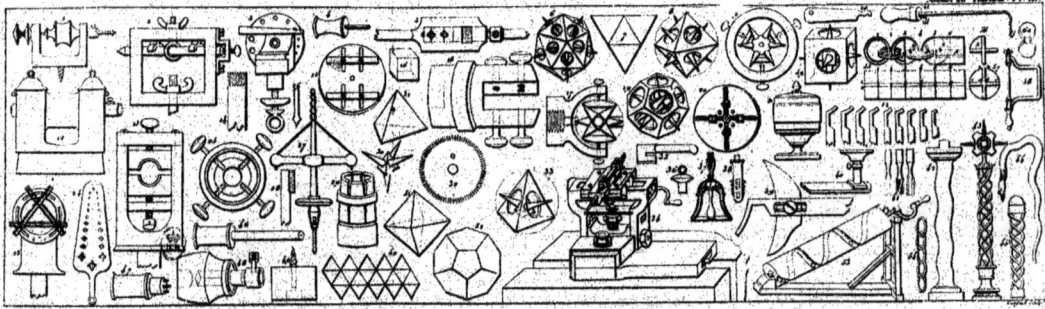

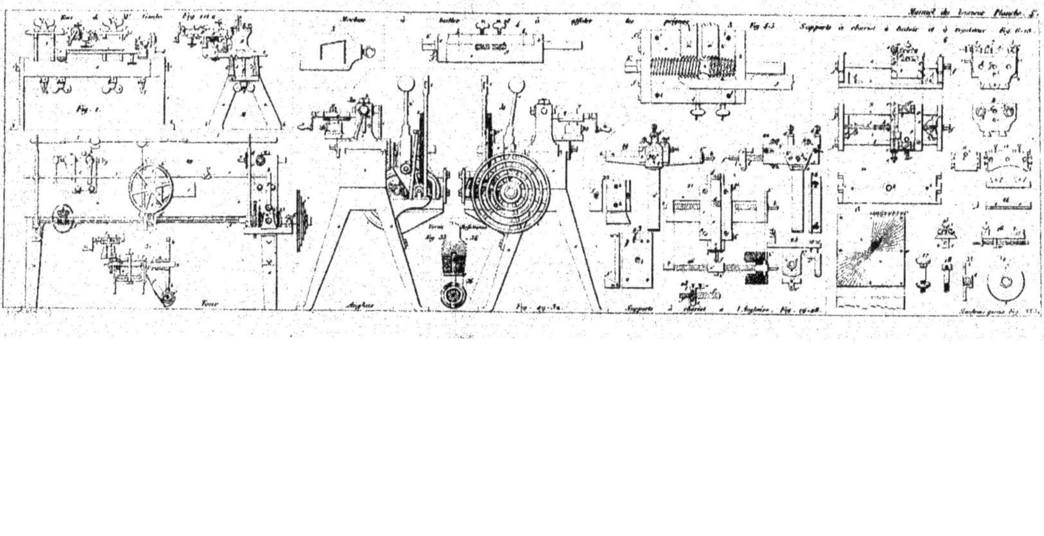

Fig. 1.

Fig. 4-5.

Supports à charriot à bascule et à régulateur. Fig. 16-19

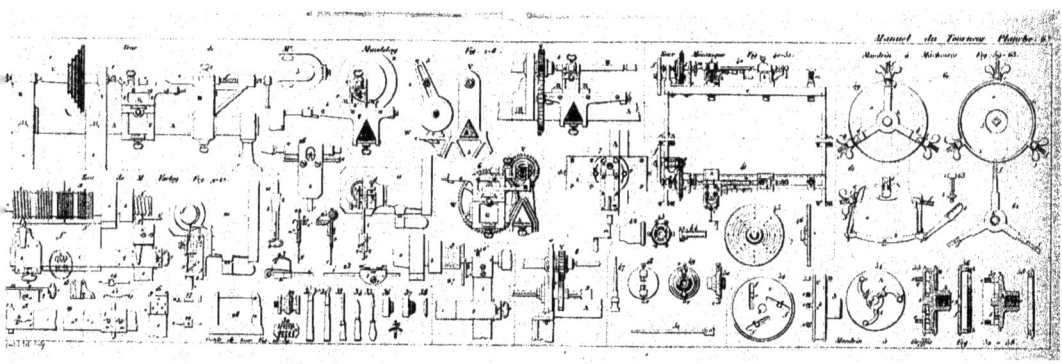

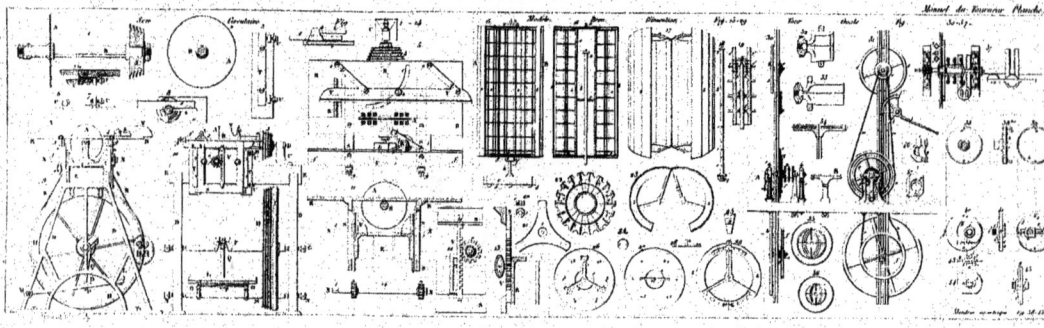